宇宙の物質は
どのようにできたのか

素粒子から生命へ

日本物理学会[編]

日本評論社

まえがき

　この宇宙にあるさまざまな物質は，いつどのように生まれ，どう変化して，地球とそこに暮らす生命のような豊かな物質世界を作り上げたのだろうか？ そしてこの物質の誕生と進化は，宇宙の誕生・進化とどう関連しながら進んできたのだろうか？ この根源的な問いに答えることは，長年にわたる人類の夢であった．そして，この1世紀の間に科学者が積み重ねた多大な努力によって，宇宙における物質創成のシナリオは次第に明らかになってきた．しかし，そこにはいまだに多くの謎が残されており，その解明に向けて最先端の研究が日々進められているのである．

　本書では，物質の起源と進化の解明にむけた最先端研究にたずさわる10人の物理学者・天文学者が，壮大な物質創成の歴史を順に語っていく．素粒子が生まれ，原子核，原子・分子がつくられ，惑星や生物になってゆくそれぞれの段階がどこまで理解され，どんな謎が今も残され，その解明のためにどのような研究が行われているのかを紹介する．

　本書の構成を述べよう．まず宇宙と物質の138億年の歴史の全体像を語る (第1章)．本書のカバーに描かれている，物質の誕生と進化の様子を示すイラストを見てほしい．ビッグバンで宇宙が生まれたとき，クォークやレプトン (電子) という素粒子の形で物質は生まれた．LHC加速器は，このビッグバン直後の素粒子創成の状況を人工的に再現することに成功した．素粒子の標準理論では，素粒子たちはヒッグス粒子によって質量を得たとされる．LHCは，そのヒッグス粒子を2012年に発見して大ニュースとなったが，ヒッグス粒子の役割はこれから詳しく調べなければならない (第2章)．

　また，素粒子が生まれる際には粒子と反粒子 (すなわち物質と反物質) が同数生まれ，互いに消滅するはずだが，粒子・反粒子の対称性をわずかに崩す未知の仕組みによって，粒子 (物質) が一部生き残ったらしい．この謎は小林–益川理論でも解決できなかった素粒子物理の大問題であり，解明を目指して加速器実験が

進められている (第 3 章).

さて，この頃の宇宙の物質は，クォークがばらばらになった熱いスープだったが，それが別の加速器実験で再現され，その不思議な性質が明らかになりつつある (第 4 章). 宇宙が膨張して温度が下がると三つのクォークが固く結びついて陽子・中性子 (一部はヘリウム原子核になる) ができる．その後，さらに宇宙が冷えると陽子は電子をまとって水素原子，水素分子になり，これが重力で集まり圧縮されて星になると，核融合反応が始まり水素からヘリウム，炭素，酸素のように重い原子核が次々と恒星の内部で合成される．これが元素の起源であるが，鉄より重い原子核が宇宙のどこでどう作られたのかはいまだに謎である (第 5 章).

こうして作られた種々の原子核は，超新星爆発などで宇宙空間に放出され，原子・分子となって重力で集まると互いに結びついて次第に複雑な分子を作る．この星間分子雲での化学進化のプロセスが，電波天文学によって明らかにされつつある (第 6 章).

また，分子雲が恒星を作るとき，そのまわりに惑星系が作られる．シミュレーションによる研究が進み，太陽系そして地球の形成過程はおおよそ分かってきたが，太陽系外の惑星系の観測データが増えるにつれて，多様な惑星系の形成過程をどう理解するかが生命の起源にも絡んだ重要な課題となっている (第 7 章).

一方で，物質進化のハイライトといえる生体物質の生成と生命の誕生は大きな謎に包まれている．電波天文学の発展によって，さまざまな有機物質が星間分子雲で発見されており，アミノ酸のような重要な生体分子も今後発見され，この謎の解明につながるかも知れない (第 8 章).

本書では，このように宇宙の物質の起源と進化が順に語られていくが，最後にこの宇宙に存在しながらその正体がまったくわからない物質についても述べられる．中性子星は "宇宙に浮かぶ巨大原子核" といわれるが，その内部はわれわれの知る原子核とも異なる，謎に包まれた超高密度物質である．加速器による核物理実験や X 線天文観測，重力波観測などを組み合わせて，これを解明しようという研究が進んでいる (第 9 章). もう一つは，宇宙に存在して重力を及ぼしていること以外に手がかりのない "ダークマター" である．未知の素粒子ではないかといわれ，観測できれば素粒子物理の大発見にもつながる．宇宙空間にあるダークマター粒子を宇宙観測や地下の検出器で捉える研究が進められている (第 10 章).

本書は，日本物理学会の主催で，2013年8月22日〜23日に東京大学小柴ホールで開かれた一般向け講演会「科学セミナー」の内容をもとに，10名の講演者が書き下ろしたものである．宇宙に興味をもつ大学生，一般の人はもちろん，とくに中学・高校の先生にも手にとっていただきたい．宇宙と物質をめぐる科学の最先端のロマンを感じていただければ幸いである．

2015年2月
『宇宙の物質はどのようにできたのか——素粒子から生命へ』
編集委員会：田村裕和・伊藤好孝

目次

まえがき ... i

第1章 宇宙と物質の起源をさかのぼる ... 1
- 1.1 宇宙に存在している物質 ... 1
- 1.2 ビッグバン宇宙の歴史と物質生成：138億年の旅 ... 10
- 1.3 まとめ ... 19

第2章 質量の起源を知る —— ヒッグス粒子発見のインパクト ... 21
- 2.1 はじめに ... 21
- 2.2 加速器の発展 ... 22
- 2.3 素粒子の標準理論 ... 24
- 2.4 LHC加速器と実験グループ ... 30
- 2.5 ヒッグス発見 ... 34
- 2.6 新たな始まり ... 37

第3章 反物質はどこへ —— 素粒子実験が挑む物質優勢宇宙の謎 ... 42
- 3.1 反物質とは ... 42
- 3.2 宇宙には，なぜ反物質がないのか？ ... 47
- 3.3 CP対称性の破れの発見 ... 48
- 3.4 わかっていること，いないこと ... 50
- 3.5 未知のCP対称性の破れを探す —— クォークの場合 ... 51
- 3.6 未知のCP対称性の破れを探す —— ニュートリノの場合 ... 54
- 3.7 バリオン数またはレプトン数の破れ ... 59
- 3.8 まとめ ... 60

第4章 クォークの熱いスープから原子核へ —— 4兆度の初期宇宙の再現 ... 62
- 4.1 はじめに ... 62
- 4.2 クォークの性質とクォーク・グルーオン・プラズマ ... 62
- 4.3 初期宇宙におけるクォーク・グルーオン・プラズマ ... 64
- 4.4 クォーク・グルーオン・プラズマの実験的生成とその性質 ... 69

| 4.5 | 質量の謎は解けたか？ | 76 |
| 4.6 | さいごに | 78 |

第5章　元素合成の謎 —— 超新星爆発がウランをうみだしたのか？　80

5.1	宇宙は元素の工場	80
5.2	元素合成の鍵を握る原子核	82
5.3	鉄ができるまでの元素合成サイクル	85
5.4	ウランをつくりだすr–過程と魔法数	88
5.5	r–過程核をつくる「RIビームファクトリー」施設	91
5.6	最近の成果と今後の展開	95

第6章　分子の誕生と星間物質　99

6.1	はじめに	99
6.2	星間分子	100
6.3	電波観測	102
6.4	星の誕生と化学進化	106
6.5	化学的多様性の発見	108
6.6	原始惑星系円盤へ —— ALMA望遠鏡	110
6.7	太陽系の奇跡	113

第7章　太陽系の起源　118

7.1	はじめに	118
7.2	太陽系の特徴 —— 美しい惑星系	119
7.3	京都モデル	122
7.4	太陽系形成の標準シナリオ —— 星くずから惑星へ	124
7.5	残されている問題	132
7.6	太陽系から一般惑星系へ	133

第8章　宇宙の生体物質 —— 生命の起源を求めて　135

8.1	生命には始まりがある	135
8.2	生命の起源を探求する	136
8.3	宇宙に漂う星間分子	138
8.4	宇宙の有機物質	139
8.5	太陽系内の有機物質と地球への運搬	141
8.6	星形成領域におけるアミノ酸前駆体の探査	143
8.7	「宇宙と生命」への期待	147

第 9 章　中性子星の奇妙な物質　148
- 9.1　はじめに　148
- 9.2　中性子過剰核と中性子物質　155
- 9.3　ハイパー核とストレンジ核物質　158
- 9.4　中性子星の観測による研究　163
- 9.5　おわりに　166

第 10 章　ダークマターの正体をあばく　168
- 10.1　宇宙のダークマター　168
- 10.2　ダークマターの候補　170
- 10.3　望遠鏡で探る MACHO 天体　172
- 10.4　地下実験で探るダークマター　175
- 10.5　宇宙線で探るダークマターの証拠　184
- 10.6　ダークマター探索の将来　189

索引　191

[第1章]

宇宙と物質の起源をさかのぼる

杉山 直

　宇宙にはどのような物質が存在していて，その物質の起源はいったいどこにあるのか，これは人類が抱く根源的な疑問の一つといえよう．この疑問に答えるためには，宇宙にどのような構造があり，そこにどのような物質があるのかを知り，そして，それが宇宙の歴史の中でどのように生成・形成されてきたのかを理解する必要がある．本章では，最新の観測的成果も含めて，まず前半で宇宙に存在している物質について概説し，後半では，宇宙の歴史の中で物質と構造がどのように作られて来たのかについて説明する．

1.1　宇宙に存在している物質

　まずは，宇宙にどのような物質が存在しているのかを見ていくことにする．我々の近くからだんだん遠くへと視点を移していこう．これは，小さな構造から大きな構造へとズームアウトしていくことに対応している．

1.1.1　地球

　地球の質量の67%はマントルが，32.4%は核が占めている．我々の身近にある地殻は，ごくわずかな質量しか担っていない．マントルには橄欖石や輝石といった，ケイ酸マグネシウムでつくられる鉱物がドロドロになった形で存在している．元素としては，ケイ素(Si)，マグネシウム(Mg)，鉄(Fe)，酸素(O)などが主成分である．

　一方，核は，鉄やニッケル(Ni)で構成されている．つまり，地球に存在して

いる元素としては，水に大量に含まれている水素 (H) を別にすれば，上記の酸素，マグネシウム，ケイ素，さらにはカルシウム，そして鉄が主なものとなる．また，地球全体の密度は $5.52\,\mathrm{g/cm^3}$ である．これは，後にでてくる宇宙全体の密度に比べて極端に大きな値である．

1.1.2 太陽系

太陽系の質量の 99.86%は太陽が占めている．太陽は水素を燃料に，核融合反応を行っている主系列星である．そこでの元素の存在量は質量比で，水素が 70.68%，ヘリウムが 27.43%，リチウム以上の重い元素はわずか 1.9%である．将来，太陽は中心部の水素を燃やし尽くした後は，ヘリウムが核融合を起こすようになり，最終的には炭素，酸素まで生成されると考えられている．太陽の密度は $1.41\,\mathrm{g/cm^3}$ であり，太陽系の惑星はどれも太陽や地球程度の密度，つまり水とあまりかわらない程度の密度を持っていることが知られている．

1.1.3 恒星

銀河系にはおよそ 2000 億個の恒星が存在していると考えられている．多くの恒星はほぼ太陽程度の元素存在比をもっている．このような恒星を**種族 I** と呼ぶ．一方，なかには水素の割合が太陽に比べて高く，リチウム以上の重い元素 (金属と呼ぶ) が少ない星も存在しており，**種族 II** と呼ぶ．金属は，後述するようにビッグバンでは直接的には生成されず，恒星の中で作られたと考えられるために，宇宙のどこかには金属を持たない始原的な恒星が存在するものと思われる．これを**種族 III** と呼ぶ．種族 III はいまだ見つかっていない．

1.1.4 星間物質

大きめな棒渦巻き銀河である銀河系 (天の川銀河) には，恒星の間の空間に，星間物質が存在している．星間物質には，水素やヘリウムといった気体の状態である星間ガスや，ケイ素や炭素，鉄，マグネシウムなどによって形成されている固体微粒子であるダスト (星間塵) などがある．その平均密度は，銀河系中心部では水素原子が $1\,\mathrm{cm^3}$ あたり数個，外縁部では $1\,\mathrm{cm^3}$ あたり 1 個ほどである．なお，水素原子 1 個$/\mathrm{cm^3}$ は $1.67\times 10^{-24}\,\mathrm{g/cm^3}$ の密度に対応する．惑星や恒星の密度に比べて，24 桁も小さいことに注意されたい．これら星間物質は星や惑星の材料になる．

図 1.1　銀河系 (NASA・Spitzer 衛星提供，Courtesy NASA/JPL-Caltech).

1.1.5　分子雲

星間物質の中でも，水素が H_2 分子の形で存在している集団のことを，**分子雲**と呼ぶ．そこでは密度が，水素原子が $1\,\mathrm{cm}^3$ あたり 100 から 10^7 個と (通常の星間物質に比べて) きわめて高くなっている．一方で，分子からの放射によって効率よく冷やされるために，10 から 30 K と非常に低温となっている．温度が低いために圧力も低く，重力によって収縮することが可能であり，最終的には星へと進化する，いわば星のゆりかごが分子雲である．

1.1.6　電離領域

温度が 10^4 から 10^7 K と非常に高温な領域であり，そこでの密度は領域が広がっていくにつれて低下している．典型的には水素原子が $1\,\mathrm{cm}^3$ あたり 100 から 1000 個である．散光星雲は，大きく青い星からの強い紫外放射によってその周囲のガスが電離した状態になっているものであり，**惑星状星雲**は，星がその一生を終えるときに，赤色巨星になり電離したガスを放出したものである．**超新星残骸**は，重い星が一生を終えるときに大爆発を起こし，周囲のガスを電離させ吹き飛ばしたもので，爆発後も長い時間輝いている．

1.1.7 銀河のハロー (暈)

渦巻き銀河の回転を調べると，その内側にどれだけの質量が存在しているかを推定することができる．その質量を見えているガスや星の分布と比較した結果，見えていない大量の物質が，銀河の円盤の外側に球状に暈のように広がっていることがわかった．これが**銀河ハロー**であり，また，この重力を担う見えない物質のことをダークマター (暗黒物質) と呼ぶ．典型的な銀河では，**ダークマター**はガスや恒星の 10 倍ほどの質量を占めている．

1.1.8 銀河団

銀河が 50 個以上集団化しているものが銀河団である．銀河団では，銀河の質量の 10 倍ほども高温のガスが存在している．このことは，X 線による観測で明らかになった．数千万度にもなる高温ガスが X 線を放射するのである．ただしこのガスはきわめて希薄であり，水素原子が $1\,\mathrm{cm}^3$ あたり 10^{-3} 個程度でしかない．それでも銀河団は巨大であるため，1 個の銀河団にある高温ガスをすべて集めると，太陽質量の 10 兆倍から 100 兆倍ほどにもなり，前述したように，銀河の質量の 10 倍にもなるのだ．

ガスをここまで高温にさせたのが，銀河団の深い重力ポテンシャルである．このポテンシャルはダークマターによって担われている．銀河団では，ガスの 10 倍ほどの質量のダークマターが存在していると考えられている．銀河団の質量は，早くも 1930 年代にスイス出身の天文学者**ツヴィッキー** (F. Zwicky) によって，銀河団のメンバーである個々の銀河が持つ固有速度の観測によって測られた．ツヴィッキーは銀河の視線方向の速度成分を，光のドップラーシフトによって測定したのである．平均的には銀河団は遠方にあるために，**宇宙膨張**によって**赤方偏移**している．しかし，個々の銀河は，宇宙膨張以外に，銀河団の中で個別に速度を持って運動している．これを**固有速度**と呼ぶ．宇宙膨張による赤方偏移を視線方向のドップラー速度から差し引くことで，この固有速度は得られるのである．ツヴィッキーは観測によって求めた固有速度が大きすぎ，見えている銀河の質量から得られる重力ポテンシャルに対する脱出速度を越えていることに気がついた．他に大量の重力源がなければ，銀河団はすぐにバラバラになってしまうのである．そこで彼は，その見えない重力源のことをダークマター (ただしドイツ

図 1.2 ハッブル宇宙望遠鏡による銀河団 Abell 2218 が作り出した重力レンズ効果. 弧 (アーク) のように銀河団の中心を取り巻くのが, 銀河団の後方にある銀河がレンズ効果を受けた像である (NASA ハッブル宇宙望遠鏡提供, W. Couch (University of New South Wales), R. Ellis (Cambridge University), and NASA).

語, Dunkle Materie) と呼び, たとえば銀河団の重力場の作る**重力レンズ効果**でそれが測定できることまで予想していた.

重力レンズ効果は, 一般相対性理論に現れるもので, 強い重力源があるとその周りの空間が曲げられ, 光に対してレンズのように働く, というものである. 実際に銀河団の後ろ側の銀河の像が歪む重力レンズ効果が続々と測定されるようになったのは, 1990 年代, ハッブル宇宙望遠鏡の時代になってからである. 現在では, 重力レンズ効果によって銀河団や, さらに銀河団を含む**宇宙大規模構造**の 3 次元分布まで得られるようになっている.

1.1.9 宇宙全体

宇宙全体に最も多く存在しているのは, じつは物質ではなく, 謎のエネルギー, 通称ダークエネルギー (暗黒エネルギー) である. このエネルギーの働きで, 宇宙の膨張が加速させられていることが 1990 年代終盤に観測によって明らかにされた. 遠方の **Ia 型超新星**を測定することで, 宇宙の加速を発見した功績によって, パールミュッター (S. Perlmutter), シュミット (B. Schmidt), リース (A. Riess) という 3 名の天文学者に 2011 年のノーベル物理学賞が与えられている.

Ia 型超新星は，白色矮星 (核融合の結果できた炭素などの星の芯が残ったもの) と通常の恒星の連星系において，白色矮星に恒星からガスが降り積もっていき，やがて自身を支えられなくなる限界に到達したときに，収縮と爆発が起きる，という現象である．その限界の質量は物理法則で決まっているために，爆発の規模がほぼすべて同じであることが期待される．実際には，明るくなった後に，減光していくその速さが速い超新星ほど暗く，ゆっくりなものほど明るいことが 1990 年代に明らかにされた．その結果，このタイプの**超新星爆発**の明るさが非常に精密に求められるようになったのである．爆発の明るさがわかれば，観測される見かけの光度と比較することで，その超新星までの距離を求めることができる．一方で，赤方偏移を求めておけば，距離と赤方偏移の関係を得ることができる．超新星はきわめて明るい天体現象であるので，非常に遠方まで到達することが可能である．光の速度は有限なので，遠方を観測するということは，過去を観測することに他ならない．超新星を用いれば，たとえば 100 億光年かなた，つまり 100 億年前の距離と赤方偏移の関係を知ることができるのである．

　さて，赤方偏移からは天体の遠ざかる速度が得られる．速ければより赤くなるのである．近傍の宇宙では，速度と距離は比例関係にあることが知られており，それを**ハッブルの法則**と呼ぶ．宇宙を風船の表面になぞらえてみよう．風船が一定の速度で膨らんでいけば，どの点同士も同じ割合で遠ざかっていく．たとえば，1 年で風船 (宇宙) が 2 倍の大きさに広がったとしよう．すると，1 光年離れていた場所は 2 光年離れることになり，2 光年離れていた場所は 4 光年離れることになる．同じ 1 年の間に各々 1 光年と 2 光年遠ざかったことになる．遠ざかる速度は距離に比例して大きくなるのである．

　さてここで，宇宙の膨張が加速していたとする．すると，一定の速度で膨らむ場合に比べて，時々刻々と膨らむ速度が大きくなることになる．現在の宇宙の膨張速度は，観測によって決められている．遠方の超新星を見ると，過去の膨張速度が測定できる．加速している場合には，かつては現在よりも膨張速度が遅かったのであるから，同じ距離にある超新星が，一定の速度の場合に比べて，より遅く遠ざかることになる．この速度 (つまり赤方偏移) の違いを調べることで，宇宙膨張が加速していることを決定づけたのである．

　宇宙全体を観測が示すスピードで加速させるためには，宇宙全体の物質・エネ

ルギーの 7 割ほどを加速させるためのエネルギーが占める必要がある．宇宙を支配する謎のエネルギーこそ**ダークエネルギー**なのだ．これは，エネルギー密度にして 6×10^{-9} erg/cm^3，質量密度に直すと 7×10^{-30} g/cm^3 に対応する．宇宙を支配するといっても，非常に小さい値であることに注意されたい．

ダークエネルギーの他にも，先のダークマターが物質全体の 8 割ほど，ダークエネルギーを含めた宇宙全体の 1/4 ほどを占めている．このダーマターも正体は不明である．通常の物質である元素は，わずか全体の 5%でしかない．また，元素の大部分は水素とヘリウムが占めている．星に取り込まれている元素は 5%ほど，銀河間ガスや銀河団内のガスが残りの 95%を占めていると考えられている．

1.1.10　宇宙マイクロ波背景放射による物質の存在量の精密測定

これらダークエネルギー，ダークマター，そして元素の量の精密測定に力を発揮するのが，**宇宙マイクロ波背景放射**の温度揺らぎの観測だ．宇宙マイクロ波背景放射は，ビッグバンの化石と呼ばれ，宇宙が熱く密度の高かった火の玉のような状態の名残りとして，現在あらゆる方向からやってきている電波の信号である．電波の周波数あたりの強度分布は温度に読み替えることができ，その値は，**COBE 衛星**の観測によると 2.725 ± 0.001 K である．この値は全天を平均したものであるが，空の各点での温度は，ごくわずかおよそ 10 万分の 1 程度であるが異なっている．これが温度揺らぎである．温度揺らぎを最初に発見したのは 1989 年に打ち上げられた COBE 衛星であり，この功績と先の温度の精密測定により，スムート (G. Smoot) とマザー (J. Mather) の二人が 2006 年のノーベル物理学賞を受賞している．その後，アメリカの **WMAP 衛星**，ヨーロッパの **PLANCK 衛星**が打ち上げられ，非常に精度の高い測定を行った．

では温度揺らぎを測定するとなぜ，ダークエネルギーやダークマター，元素の存在量が決定できるのだろうか．その理由は，温度揺らぎが，ダークマターや元素の存在量によってその空間パターンの大きさや，メリハリを変えるからである．もう少し詳しく説明するには，ビッグバンの状態について説明しなければならない．ビッグバンでは，元素を構成する陽子と電子がバラバラに存在していた．そこに存在する光のエネルギーが高いために，陽子が電子をつかまえてもすぐに光によって叩き出されるためである．陽子，電子がバラバラということは電

図 **1.3**　PLANCK 衛星による宇宙マイクロ波背景放射温度揺らぎの全天マップ (ⓒ ESA and the Planck Collaboration).

離した状態，つまりプラズマになっている．また，そこに充満している光も絶えず電子と散乱するために，プラズマの一部となっている．ここで，プラズマは空気と同様の圧縮性の流体である．圧縮性の流体では，密度の疎密が音として伝播する．密度の疎密は，光でいえば温度の高低であることから，この音こそ，温度揺らぎに他ならないのである．やがて，37 万年ほどたつと，膨張に伴って温度が 3000 K まで下がり，もはやそこでの光は電子を叩き出すだけのエネルギーを持たなくなる．その結果，水素原子が生成されるとともに，以後，光は何者にも遮られることなく 138 億年かけて我々に到達するまで，直進することとなる．宇宙が晴れ上がるのである．

　プラズマに生じた音は，そこでの媒質 (つまり元素) の種類や量，また，宇宙自身の大きさによって，その音程を変える．ここで宇宙の大きさは，そこに存在する物質によってつくられる重力によって決まる．つまり音程は物質の量や元素の量によって決まるのである．音程が温度揺らぎのパターンの大きさであることから，それを測定することで，物質と元素の量を精密に測定できる，というわけである．さらに空間の曲がりも測定できる．138 億年かかって到達するまでに，空間が曲がっていればそれに応じてパターンのサイズが大きくなったり小さくなったりするからである．さらに空間の曲がりがわかればダークエネルギーの量もわかる．空間の曲がりは，重力，すなわちダークエネルギーと物質の存在量によって決定されるからである．

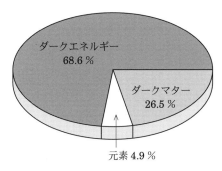

図 **1.4** PLANCK 衛星による宇宙の物質・エネルギー組成比.

最新の PLANCK 衛星による存在比の精密測定結果をまとめたのが図 1.4 である. ダークエネルギーが 68.6%, ダークマターが 26.5%, 元素が 4.9%で空間は曲がっていない, というのがその答えだ.

これらの値がわかれば, 宇宙の発展を解くことが可能となる. その結果得られたのが, 現在の宇宙の年齢 138 億歳である. 2013 年 3 月に発表されたこの値については, それまでに WMAP 衛星で得られていた 137 億歳に比べて 1 億歳延びたことから, マスコミでも大きく取り上げられた.

1.1.11 宇宙に存在する物質まとめ

宇宙に存在しているのは, ダークエネルギー, ダークマター, そして元素である. ダークエネルギーは宇宙膨張を加速させている謎のエネルギーで, 物質・エネルギーの 7 割ほどを占め, その正体は不明である. また, 超新星の観測からは, その存在が目立ち始めたのは宇宙誕生後数十億年経ってからであり, それ以前はダークマターに比べ量が少なく, 宇宙の膨張は減速していた.

ダークマターは物質の 8 割ほどを占め, やはりその正体は不明である. おそらく, 未知の素粒子がその正体だと信じる研究者は多い. ただ, その場合には相互作用は非常に弱くなければならない. たとえば質量が陽子の 100 倍だとすると, PLANCK (衛星) が予想する存在量であるならば, 1 秒あたり, 1 cm^2 の面積を 10 万個が通過する勘定になる. 人間の体のサイズであれば, 1 秒で 10 億個も貫く. これだけ多いのであれば, 相互作用が強ければすぐに測定されるはずである.

重力との相互作用を除けば, 他の物質とは非常にまれにしか相互作用しない

この粒子が誕生したのは，おそらくビッグバンのごく初期であると考えられている．その時以来，空間の膨張に伴って薄まりながら現在に至っている．宇宙の構造を重力的に支配しているのがダークマターである．

元素は全体の5%しかないが，これが星や惑星，さらには地球の多様な環境を作り上げた．その大部分は水素とヘリウムであり，これらはビッグバンによって作られ，多くがそのまま残っている．残りの重い元素(金属)は，星の中でのゆっくりとした核融合反応，および超新星爆発のような極端な環境での急激な核融合反応によって作られたと考えられている．元素も，星やガスの形で目に見えるように存在しているのはごくわずかで，残りの大部分はいまだどこにあるのか決定的な証拠はつかめておらず，暗黒成分となっている．

1.2 ビッグバン宇宙の歴史と物質生成：138億年の旅

前節で宇宙に存在している物質・エネルギーについて述べた．これらがどのように生成されてきたのかを解明することは，宇宙の歴史をさかのぼることに他ならない．宇宙の始まりはきわめて高温・高密度な状態であり，そこでは，あらゆる物質は素粒子という根源的な形で存在していた．現在知られている素粒子は17種類だが，それよりも数多くの未知の素粒子もおそらく存在していたことだろう．素粒子の質量に対応するエネルギー ($E=mc^2$) よりも宇宙の熱エネルギーが高ければ，寿命の短い素粒子も常に生成され続けるために，存在することができるのである．膨張とともに宇宙の温度が下がっていくと，その温度の熱エネルギーに対応する質量の素粒子は次々と崩壊していく．その結果，現在の宇宙では，寿命の十分に長い(または崩壊しない)素粒子である電子と光子，3種類のニュートリノ，さらに陽子と中性子を構成する u クォークと d クォーク，そしてクォーク同士を結びつけている**グルーオン**のみが残されている．これまでに知られている他の素粒子は，おもに，地上にビッグバンに近い高エネルギー状態を作り出す加速器によって生み出されている．2012年には，17番目の**ヒッグス粒子**がスイス・フランス国境に建設された巨大加速器 **LHC** (Large Hadron Collider, 大型ハドロン衝突型加速器) で見つかったとの発表が **CERN** (欧州合同原子核研究機構) よりあったことは記憶に新しい．

以下では，宇宙の歴史とそこでの物質生成について順を追って見ていくこととする．

1.2.1 宇宙の始まり

　人類はいまだ宇宙の始まりを扱う理論を作り上げることに成功していない．アインシュタインの**一般相対性理論**は，重力によって宇宙の時空構造がどのようになるのかを明らかにしてくれる．しかし，この理論はマクロの世界が対象となる古典論であり，宇宙全体がミクロの存在であった宇宙の始まりにはそのままでは適用できない．ミクロの世界を記述する量子論と，重力を扱う一般相対性理論を融合して初めて，宇宙の始まりを解明することが可能となるのである．

　これまで，不十分な理論に基づいてではあるが，宇宙の誕生に迫る研究も進められてきた．たとえば，ホーキング (S. Hawking) は，一般相対性理論をそのまま用いて，宇宙の時間を遡っていくと，やがて特異点という時空の発散が生じることが避けられないことを証明した．これは宇宙には始まりがある，ということと同義であり，その功績によりホーキングにはローマ法王庁からピウス12世メダルが授与されている．神が宇宙を創世した，というキリスト教の考えを支持するものと考えたのだろう．さらにホーキングやビレンキン (A. Vilenkin) らは一般相対性理論と量子論を不完全ながら結びつけ，宇宙全体を記述する波動関数なるものの振る舞いを調べた．その結果，方程式の境界条件から宇宙が無から始まったという見解を得るに至った．宇宙は時空そのものであるのだから，ある意味，無からの誕生以外であれば，今の宇宙を作った前の宇宙が必要となるであろうことから，この見解は自然ともいえるものであった．しかし近年では，宇宙の誕生を波動関数で解析するといったアプローチは下火となっている．

　現在，重力を含む量子論として，最も有望視されているのが，**超弦 (紐) 理論**だ．**超弦理論**が，理論的にきちんと成立するためには，時空の次元が10次元でなければならない．宇宙の始まりは，時間1次元，空間9次元の時空であったと考えられるのである．そこでは，10次元の時空に浮かぶ弦の振動が，あらゆる素粒子を生み出す．弦こそが，宇宙と物質の起源なのである．

　超弦理論は，さらに驚くべき予想をする．私たちの存在しているこの宇宙の他に，10^{300} から 10^{1000} もの数の宇宙が存在するというのである．これを**ストリング・ランドスケープ問題**という．もしこのような無数ともいえる宇宙の中の一つが私たちの宇宙であるとすると，私たちの宇宙がなぜこのような形をしていて，ダークエネルギー，ダークマター，さらに元素が観測されるような値で存在して

いるのかを問うことが無意味になりかねない．なぜなら，たまたま私たちのような宇宙が1個できればよいからである．多くの宇宙は，たとえばダークエネルギーの量が多すぎてすぐに空っぽになってしまうかもしれない．また，他の多くの宇宙は物質の量が多すぎて，その重力であっという間に宇宙自身がつぶれてしまうかもしれない．そのような宇宙では，私たち観測者が誕生することはあり得ない．空っぽであれば，星や銀河は生まれないだろうし，つぶれてしまえば，やはり星や銀河，さらには生命が誕生するのに必要な時間を持つことができない．宇宙のことを考えるだけの知性を獲得した私たちが存在できる宇宙は必然的に，100億年を越える十分長い時間存在でき，そこには星や銀河が誕生できるだけの物質がなければならない．無限ともいえる数の宇宙のなかには，少しはそのような宇宙は含まれるだろうし，私たちがいる宇宙とはそのようなものでなければならないのである．このような考え方を**人間原理**と呼ぶ．ある意味魅力的だが危険な議論である．本来我々研究者は，たとえば超弦理論からの帰結によって私たちの宇宙が1個だけ誕生し，そこでの素粒子の質量やダークエネルギーの存在量などが物理法則に基づいてきちんと説明できる，ということを目指して研究を進めてきている．しかし，人間原理に基づくと，もはや私たちの宇宙がなぜこのような形をして，このようなエネルギー・物質を含んでいるのかを問うことが無意味になってしまうのだ．

いずれにせよ，いまだ，超弦理論は現実の宇宙に存在する素粒子の質量を正しく導くところまではきていない．また，時空がなぜ現在4次元なのかも不明である．超弦理論が真の完成を見れば，ランドスケープ問題もより深く理解され，同時に宇宙の始まりも明らかになるのかもしれない．

1.2.2　4次元時空の誕生

当初は10次元であった時空は，すぐに余分な6次元がきわめて小さくなることで，4次元時空へと変わったものと考えられる．**プランク長** (10^{-33} cm) 程度という重力が量子化されるサイズ程度に小さく丸まりコンパクト化された6次元の空間は，通常は観測されることはあり得ない．ただ，近年，この余分な次元が比較的大きなサイズを持っているのではないか，という可能性が注目を集めている．**余分な次元**の中に浮かぶ3次元空間の膜こそが我々の空間である，というこ

の考えをブレーン・ワールドと呼ぶ．この膜は2枚で対になっており，5番目以降の次元の方向でのみ，お互いにつながっている．この理論では，重力のみが5番目以降の次元方向に染み出ることが可能で，将来観測できるかもしれない．たとえば，LHCのような加速器実験で，高次元の**マイクロ・ブラックホール**が生成される可能性も取りざたされている．

1.2.3　インフレーション

　ここまで述べて来た高次元宇宙は，まだ理論上の産物にすぎない．しかし，誕生後 10^{-36} 秒後の頃に，宇宙が莫大な膨張，すなわち**インフレーション**をしたことは，間接的ではあるが観測的な証拠もあり，多くの研究者が信じている．インフレーションでは，わずかな時間で空間が 10^{30} 倍ほども膨張したと考えられている．空間の拡がるスピードは光の速度をはるかにしのいでいた．

　そもそもインフレーションはビッグバン宇宙論に内在する三つの原理的問題に答えるために考えだされた．**地平線問題**，**平坦性問題**，そして**モノポール問題**である．

　地平線問題は，単純化して言えば，ビッグバンがなぜあらゆる場所で起こったのか，という問題である．もしビッグバンが1か所で起こったとしたら，その方向からしかビッグバンのシグナルである宇宙マイクロ波背景放射は観測されないはずである．しかし，実際にはあらゆる方向から背景放射はやってきている．また，ビッグバンの起きた地点からの距離がちょうど138億光年でなければ，ビッグバンの光はすでに通り過ぎたか，またはまだ到達していないことになる．たまたま私たち地球の場所が，ビッグバンの地点から138億光年である，という確率は非常に小さいだろう．ちょうど現在，宇宙マイクロ波背景放射がどの方向でも観測されるのは，きわめて奇妙な状況である．あらゆる方向から，常に背景放射がやってくるためには，あらゆる場所が同時にビッグバンを起こさなければならないのだ．もちろんこの「あらゆる場所」には観測可能な，という留保が付く．少なくとも私たちを中心にして現在138億光年の距離にある領域は，同時にビッグバンを起こしたはずなのだ．

　平坦性問題は，現在の宇宙の曲率 (空間の曲がり具合) が，宇宙をつぶしたり，空っぽにするほど大きくないのはなぜか，という問題である．宇宙の始めに少し

でも曲率があれば，その宇宙はあっというまに負曲率であれば空っぽに，正曲率であればつぶれてしまう．現在，曲率が小さい，ということは，宇宙の始まりはきわめて曲率の値が小さい平坦な空間であった，ということになる．どうしてこのような小さな曲率が実現されたのかが，答えるべき疑問ということになる．

モノポール問題は，宇宙の始め，エネルギーの高い状態では，よく知られている素粒子以外の理論的にその存在が期待される奇妙な粒子，たとえば，磁極でS極だけ，またはN極だけという単磁極(モノポール)などが生成されているはずだが，なぜ現在観測されないのか，という疑問である．

以上の三つの疑問は，インフレーションの存在を仮定すれば，すんなりと解ける．まず地平線問題だが，インフレーション以前はごく小さな領域を占めていた，後にビッグバンを起こす空間を，インフレーションが一気に広げ，今観測できる宇宙よりも大きな領域まで伸ばす．すると，我々にとっては観測される「あらゆる領域」がビッグバンを起こしている，ということになるのである．

平坦性問題は，インフレーションが空間を莫大に引き伸ばすため，当初の曲率が一気に小さくなることで解決される．風船があっという間に地球よりも大きなサイズになったと考えると理解しやすいかもしれない．風船の表面が曲がっていることはすぐわかるが，それが地球よりも大きければ，もはや曲がりはすぐには感知できない．ほとんど平坦になるのである．

モノポール問題は，空間が拡がっていったんほとんど空っぽになることから，モノポールの密度は一気に低下して，観測にかかることが困難になる，と考えれば解決される．

インフレーションを引き起こしたのは，真空のエネルギーであったと考えられる．現在の宇宙を支配しているダークエネルギーと同種の，しかし100桁以上も大きなエネルギーがそこには存在していた．この真空のエネルギーは，インフレーションが終了すると同時に，熱エネルギーとなり，空間に放出される．ビッグバンである．いったんインフレーションで空っぽになった宇宙に再び物質や光が満ちあふれるのだ．ただし，このときの温度は，モノポールなどを生み出すほどには高くはなかった．さもなければ，モノポール問題が再燃するからだ．

ビッグバンを生み出す以外にも，インフレーションは重要な働きをする．それは宇宙の構造の種となる密度の揺らぎを作り出すことである．その機構は次の通

りである．インフレーションを引き起こす真空のエネルギーの値は量子的に揺らいでおり，空間の場所によってごくわずかだが異なった値を取る．平均よりもエネルギーの値が大きければ，膨張が速いために，より空っぽになり，密度が低くなる．逆に平均よりも小さければ，膨張が遅くなり，密度は高くなる．このようにして，密度分布の揺らぎが生まれるのである．この揺らぎがやがて37万年後には宇宙マイクロ波背景放射の温度揺らぎとなり，また，さらに重力によって成長することで銀河や**銀河団**，宇宙大規模構造に育っていったと考えられている．その証拠も得られている．どのようなサイズの構造がよりできやすいのかを調べてみると，ほぼサイズによらないが，ごくわずかに大きなサイズのものほどできやすいという傾向があることがWMAP衛星，およびPLANCK衛星による宇宙マイクロ波背景放射温度揺らぎの観測で明らかになったのである．これはインフレーションが理論的に予想するものとピタリと一致したのだ．

1.2.4 ビッグバン

ビッグバンでは，前述したように当初は数多くの素粒子が光とともに満ちあふれていた．空間が膨張していくと温度が下がり，素粒子が消えていくのがビッグバンの熱史である．

宇宙誕生後1兆分の1秒の頃には，真空の自発的対称性が破れ，ヒッグス場によって素粒子が質量を獲得するようになる．ヒッグス粒子の発見と，ヒッグス場による素粒子の質量獲得については，第2章を参照されたい．

10万分の1秒の頃には，クォークから陽子・中性子への相転移が生じた．この時までクォークとグルーオンが入り混じったスープのような**クォーク・グルーオン・プラズマ状態**であったのが，陽子や中性子に変わるのである（第4章参照）．

ビッグバンはその始まりでは，通常の粒子に対して，反粒子がほぼ等量存在していたと考えられる．反粒子とは質量やスピンは同じで，電荷が逆の粒子である（第3章参照）．たとえば電子に対する陽電子が反粒子だ．反クォークによって，反陽子や反中性子がクォークからハドロンへの相転移時には陽子・中性子とほぼ同量作られた．しかし，形成後ただちに，反陽子・反中性子は陽子・中性子と対消滅を起こし，すべて消えてしまう．このときもし陽子・中性子と反陽子・反中性子が完全に等量存在していたら，陽子・中性子も消えてしまい，星やガスの材

料がなくなる．我々の知っている宇宙はできないのである．なぜか陽子・中性子 (総称バリオン) が，反陽子・反中性子よりもごくわずかではあるが多かったために，宇宙には星が誕生し，生命も生まれることができたのだ．物理法則としては，粒子・反粒子の間の対称性が破れていることを意味する．観測によると，粒子の方がおよそ 10 億個あたり 1 個だけ反粒子よりも多ければよいことがわかっている．このような対称性の破れがどのようにして生じたのかを解明するための実験的挑戦は，第 3 章に詳しい．

宇宙誕生後 4 秒には，電子と陽電子が対消滅を始め，陽電子が姿を消す．反粒子は (反ニュートリノを除けば) 宇宙からいなくなるのである．

1.2.5 元素合成

宇宙誕生後 3 分までに，軽い元素が誕生する．陽子と中性子が核融合反応を起こし，重水素，ヘリウム，さらにはごくわずかではあるが，リチウム，ベリリウムを形成するのである．それより重い元素は，質量数 8 の安定な核種が存在しないためにビッグバンではほとんど合成されない．星の中，および超新星爆発などで，水素を原料に作られるのである (第 5 章参照)．ビッグバンでの核融合過程は，原料である陽子や中性子の量を与えれば，非常に精密に計算することが可能であり，たとえば，質量比にして水素 76%，ヘリウム 24%，重水素は数万分の 1，リチウムは 10 億分の 1 程度が作られることが予想される．実際に観測するとこれらの値と非常によい一致を示すことから，**元素合成**はビッグバン仮説の成功の証と考えられている．さらに，重水素量などを精密に測定すると，原料の陽子・中性子がどれだけ存在していたかを明らかにすることができる．その結果，元素は宇宙に存在する物質のせいぜい 15% 程度でしかないことがわかった．このことは，物質の大部分を占めるダークマターは元素ではない，という結論を導く．何らかの正体不明の物質，つまり我々の知らない新粒子の可能性が高いのである．

1.2.6 宇宙の晴れ上がり

1.1.10 節で説明したように，宇宙誕生後 37 万年，温度が 3000 K ほどになるとそれまでバラバラに存在していた陽子と電子が結びつき，水素原子となる．元素合成の時に作られたヘリウムについてもこの時までに電子を 2 個ずつ身にま

とい，ヘリウム原子となる．その結果，これ以前は大量にあった自由電子が急激にその姿を消す．宇宙全体の電離度はわずか1万分の1程度まで落ち，光は衝突する相手を失い，以降はなにものにも遮られることなく直進するようになる．これが宇宙の晴れ上がりである．逆に考えると，この光，すなわち宇宙マイクロ波背景放射によって観測できる限界がこの時期，ということになる．これ以前は，背景放射で見通すことができないからだ．

1.2.7 暗黒時代と宇宙の夜明け

晴れ上がり以降，数千万年の間は宇宙にはとくに大きな出来事が起きない．実際には，ダークマターが重力的に引き付け合い，徐々に構造が形成され始めているが，その証拠をつかまえることはきわめて難しい．

やがて，おそらく1億年を越えたあたりで，宇宙で最初の星が誕生する．星は次々と生まれて銀河となる．誕生した星から放射される紫外線によって，晴れ上がりによって中性化した銀河間ガスは再びイオン化される．このイオン化の過程は5億年の頃ピークを迎え，10億年頃には終了する．これは，宇宙マイクロ波背景放射の温度揺らぎや，**クェーサー**からの光に見られる吸収によって明らかになっている．宇宙マイクロ波背景放射は，イオン化ガスによって散乱されるので，温度揺らぎがその分減少する．また，散乱によって偏光を生じる．これらがWMAP衛星やPLANCK衛星で観測されているのである．また，クェーサーからの光は，手前に中性水素ガスの雲があると，強く吸収される．この吸収が非常に遠方にあるクェーサーのみに見られることから，そのクェーサーの赤方偏移から中性水素ガスがなくなった(最後に存在していた)時期がわかるのだ．

1.2.8 構造の形成

宇宙での構造の形成は，重力を支配しているダークマターによって担われる．インフレーションの時に誕生した密度揺らぎが重力的に成長することで，構造はでき上がってきた．ごくわずか，他よりも密度の高い領域があると，そこは重力が強く，周囲から物質を集める．その結果ますます重力が強くなり，さらに物質を集めていく，という重力不安定性によって揺らぎは成長するのである．

理論的には，ダークマターの性質によって構造のでき方は異なる．ダークマ

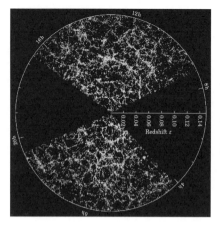

図 1.5 スローン・デジタル・スカイ・サーベイ (SDSS) による銀河分布．中心が我々の場所．黒い空白は観測をまだしていない部分 (M. Blanton and the SDSS Collaboration, www.sdss.org).

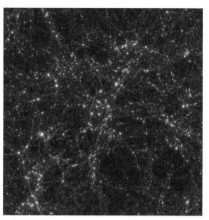

図 1.6 N 体シミュレーションによるダークマター分布．密度分布の高い所に銀河は誕生する．SDSS の結果と非常によく似た構造を与える (吉田直紀氏提供).

ターが軽く，運動エネルギーを多く持っていると，その運動によって小さなサイズの揺らぎは消されてしまう．たとえば，ニュートリノがダークマターだとしたら，質量が非常に軽いことから銀河以下の構造は直接的にはできないこととなる．そこで，いったん銀河団のような大きな構造を作ってから，その構造が分裂することで銀河などの小さな構造ができるというシナリオが考えられる．しかし，観測的には銀河が銀河団よりも先に形成されたことは明らかであり，このような軽いダークマター (**ホット・ダークマター**と呼ぶ) は否定される．

一方，ダークマターが運動エネルギーを持っていなければ，まず小さいサイズの構造から形成されていく．これを**コールド・ダークマター**と呼ぶ．コールド・ダークマターの集団を粒子として扱い，その粒子間に働く重力を計算する N 体シミュレーションという手法を用いると，得られた構造が観測される大規模構造をよく再現することから，コールド・ダークマターがダークマターの性質として望ましいものであると考えられている (図 1.5, 図 1.6)．構造の形成の主役は，コールド・ダークマターだったのである．

1.3 まとめ

　宇宙 138 億年の歴史とは物質生成の歴史であった．物質生成に迫るためには，過去の宇宙を知ることが大切である．そのためには天文学的な観測と，素粒子の理論・実験研究という二つの手法がある．

　天文学的には，遠方の宇宙を見る，ということがそのまま過去の宇宙を観測することに他ならない．光が我々に到達するまでに時間がかかるからである．これまでに見つかった最も遠方の銀河は，宇宙誕生後およそ 6 億年後のものである．さらに遠方の銀河を見つけるべく，今世界で活躍している 10 m 級の望遠鏡のさらに一段上を行く 30 m クラスの望遠鏡の建設がいよいよ本格化し始めている．たとえば，ハワイ・マウナケア山頂では，2019 年完成を目指して **TMT** (Thirty Meter Telescope) という 30 m 口径望遠鏡の建設がスタートした．このような巨大な鏡によって遠方の天体からのかすかな光をとらえ，宇宙の夜明け，暗黒時代の終わりに迫り，水素とヘリウムからどのようにガスやダストが誕生して来たのかを明らかにできる日も近い．また，チリ・アタカマ砂漠にはミリ波・サブミリ波電波望遠鏡群 **ALMA** (Atacama Large Millimeter/Submillimeter Array) が建設されいよいよ運用が始まった．こちらの主な目的は惑星や星がどのように形成されてきたのかを明らかにすることである．さらに NASA には**ハッブル宇宙望遠鏡**の後継として，**JWST** (James Webb Space Telescope) という宇宙望遠鏡を打ち上げる計画がある．JWST はハッブル宇宙望遠鏡の口径 2.4 m に比べて 6 m という巨大な鏡を持ち，これまでにない遠方の天体の鮮明な画像をとらえるものと期待される．

　急激に進展している天文観測であるが，しかし，宇宙の晴れ上がりよりも過去に遡ることは難しい．そこで，重要となるのが素粒子物理学である．ビッグバンの超高温，高密度状態を解明するために，LHC，さらには現在，国際線形加速器 **ILC** (International Linear Collider) が提案されている．また理論的には超弦理論によって，宇宙の極初期に迫ることが可能となってきている．そこでは，4 次元を越えた高次元時空であったことが予想されている．初期宇宙の解明については，消えた**反物質**の謎も含め，素粒子物理学の進展に期待したい．

参考文献

[1] 杉山 直著『宇宙 その始まりから終わりへ』,朝日新聞社 (2003).
[2] 杉山 直著『膨張宇宙とビッグバンの物理』,岩波書店 (2001).

[第2章]

質量の起源を知る
ヒッグス粒子発見のインパクト

徳宿克夫

2.1 はじめに

　宇宙における物質の起源と進化を理解するにあたって，高エネルギーの粒子加速器における実験が大きな役割を果たしてきた．宇宙は現在でも膨張を続けていることが観測されているわけだが，そのことから，宇宙は非常に小さいところから始まり，その時期には非常に高温の状態であったと考えられている．この始まりを考えるためには，(1) 宇宙がどんな物で構成されているか，(2) それらが高温時にどんな反応を起こすか，を理解する必要がある．これらについて，20世紀初頭に始まった粒子加速器の発明とその発達によってだんだんわかってきた．そして宇宙の構成物質とそこに働く力に関して，素粒子の「**標準理論**」が確立した．

　2012年7月4日，**CERN**の大講堂で，世界最高エネルギーでの陽子・陽子衝突が行える加速器，**LHC**を使った**ATLAS**と**CMS**という二つの大きな実験グループの代表者が，最新結果の発表を行い，両実験ともに新粒子の発見を告げた．その後の成果も踏まえると，これが約50年にわたって，素粒子物理学者が探してきたヒッグス粒子であることが確定した．これにより，素粒子の標準理論で残されていた最後の構成粒子が見つかり，素粒子物理の新しい時代の幕開けとなった．この発見を機に，提唱者のアングレール (F. Englert)，ヒッグス (P. Higgs) 両氏は2013年のノーベル物理学賞を受賞した．

　LHC加速器は，ヒッグス粒子発見を主要目的の一つとして建設された加速器である (図2.1)．この目的を，非常に短期間で達成した．本章では，このヒッグス粒子発見の意義を理解するために，加速器の歴史と標準理論の概要を述べた

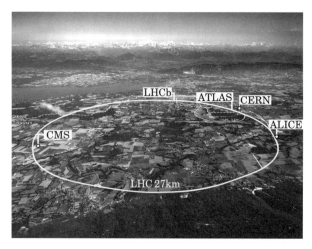

図 2.1 スイス ジュネーブ市郊外にある CERN 研究所と LHC 加速器の航空写真. 大きな外側の白い線が LHC 加速器のトンネルの位置を示しており周長約 27 km である. CERN 研究所の敷地は LHC の 2 時方向付近にある. 遠景にレマン湖, ジュネーブ市街, モンブランを望む (©CERN).

後, ヒッグス粒子をどのようにして発見したのかに触れ, いまもまだ残っている謎に関して議論する.

2.2 加速器の発展

粒子を標的に当てて, それがどのように散乱されてくるかを見ることで, 標的の構造がわかる. より高いエネルギーの粒子を当てることで, より小さな構造が見えてくる. たとえば, 光を当てて我々が自分の目で見るということも, 広い意味では光子の散乱実験と考えられる. 光学顕微鏡から電子顕微鏡へ, そして電子のエネルギーを高くすることでより小さな構造が見える.

原子より小さい構造の研究は, 20 世紀の初めに, ラザフォード (E. Rutherford) が行った自然放射能の α 線を使った原子核の発見に始まる. 1950 年代には, 米国スタンフォード大学に作られた電子加速器によって, 陽子が点でなく $1\,\mathrm{fm} = (1\times 10^{-15}\,\mathrm{m})$ くらいの大きさを持つことがわかり, その 10 年後にさらにエネルギーが上がった加速器で, 陽子がクォークからできていることが「見える」ようになった.

図 2.2　LHC 加速器トンネルの内部と超電導磁石の模式図. 二つの磁石が横に並んでおり, それぞれの中央をパイプが通っていてそこを陽子ビームがそれぞれ反対方向に回る. 磁石は超流動ヘリウムで冷却されており, 何重にも断熱遮蔽がされている (©CERN).

現在, 最高エネルギーの LHC 加速器は, 陽子の千分の一の大きさまで探る, 巨大顕微鏡である. ここでは, 磁石をほぼ円周上に並べることで, それに沿って陽子を周回させる. その1か所に高周波電場がかかるところがあり, そこで陽子を加速して, 7 TeV (7 兆電子ボルト)[1] まで加速する. 陽子の質量が約 $0.94\,\mathrm{GeV}/c^2 = 0.00094\,\mathrm{TeV}/c^2$ であるから, その 7500 倍であり, 陽子の速度は光速の 99.9999991% まで達する. この高エネルギーをフルに活用するために, 加速したビームを取り出して使うのではなく, 最高エネルギーまで加速したらそのまま加速器の内部に保持する. LHC には加速器が二つあってそれぞれ陽子を反対方向に回して加速・貯蔵する (図 2.2). この二つのビームを特定の箇所で交差させて, 7 TeV の陽子同士を正面衝突させる.

LHC は, 陽子をできるだけ高いエネルギーで衝突させるように設計された加速器である. ここでは, どれだけ強い磁場を使うことができるかで最高エネルギーが決まる. つまりその周長できちんと陽子が1周回って元のところに戻ってこられるかどうかが鍵である. 周長 27 km のほぼ円形のトンネルの中に, 中心

---

[1] eV (電子ボルト) は, 陽子 (または電子) を, 1ボルトの電位差で加速したとき与えられるエネルギーである.

磁場 8.33 T (テスラ) で長さ 15 m の超伝導磁石を 1232 台並べることで，7 TeV のエネルギーの陽子を周回させて貯蔵することができる．この高磁場は，超流動ヘリウムで冷やした NbTi (ニオブチタン) の超伝導線を使った電磁石の開発によって可能となった．

2.3　素粒子の標準理論

　人類は，私たちの周りの物質が何でできているかという興味を大昔から持っていた．古代ギリシャの文献から ATOM (原子) という言葉が出て来たが，100 年以上も前に，すでに 100 種類近い原子があることがわかっていた．

　しかし，20 世紀になると原子の意味は大きく変わる．原子にはたくさんの種類があるが，実はすべて，負の電荷を持った軽い電子と，正の電荷を持った原子核でできていること，そして，原子核は，電荷を持たない中性子と，電子と同じ大きさの正電荷を持った陽子とからできていると理解した．つまり，たくさんある原子は，それが持つ電子の数 (つまり陽子の数) の違いによるということがわかった．この多様な世界が，3 種類の粒子 (電子，陽子，中性子) でできているというのだから，驚きとともに，非常にすっきりした物の見方でとらえることができるようになったわけだ．

　ところが，研究が進むにつれ，そう単純ではなくなってきた．原子核の中には不安定で崩壊して別の原子核に変わるものがあることがわかり，そのときに，観測できないが中性の粒子 (ニュートリノ) がでていると予想された．電子や陽子など，目に見えない小さな粒子を観測する技術が進むとともに，宇宙からたくさんの粒子が降ってくることがわかってきた．これが**宇宙線**であり，ラザフォードが原子核を発見したのと同じ頃の発見である．宇宙線を詳しく調べてみると上記 3 種類とは違った粒子がたくさんでてきた．

　最初に発見されたのが**ミュー粒子**である．これは電子とほぼ同じような性質を持っているが，質量が電子より約 200 倍大きく，約 2 マイクロ秒で電子 (と二つのニュートリノ) に崩壊する．それから湯川が予言した，原子核の中で陽子と中性子を結びつける役割をしていると考えられた π **中間子**が発見された．

　その後，宇宙線観測，そして，次第にエネルギーが上がってきた加速器の実験で，π 中間子の仲間や，陽子・中性子の仲間が，またたくさん出てきてしまった．

これらは，みな短寿命で，すぐに安定な陽子や電子などに崩壊するが，そのような粒子をどう解釈するかが問題になった．

1964年にゲルマン (M. Gell-Mann) らがクォーク模型を提唱して見通しがよくなった．このモデルでは，陽子の仲間 (バリオンと呼ぶ) はクォーク (q) 三つから成り立ち (qqq)，π中間子の仲間はクォークと反クォーク (q$\bar{\mathrm{q}}$) からできている．陽子の電荷を +e として，+(2/3)e の電荷をもつアップクォーク (u クォーク) と，−(1/3)e の電荷をもつダウンクォーク (d クォーク) およびストレンジクォーク (s クォーク) の3種類があれば，当時見つかっていたたくさんの陽子やπ中間子の仲間の粒子が説明できることがわかった．その後の加速器での研究で，実はクォークは電荷が +2/3 のアップタイプが3種類 (u:アップ，c:チャーム，t:トップ) と電荷が −1/3 のダウンタイプ (d:ダウン，s:ストレンジ，b:ボトム) の計6種類あることがわかった (図2.3)．

同様に電子 (e^-) の仲間 (レプトンという) も，すでに述べたミュー粒子 (μ^-) に加えてタウ粒子 (τ^-) の3種類と，ニュートリノの3種類 (電子ニュートリノ (ν_e)，ミューニュートリノ (ν_μ)，タウニュートリノ (ν_τ)) を合わせて6種類あることが，長い時間をかけてわかってきた．ちなみに最後に明らかになった3番目のタウニュートリノは，米国フェルミ研究所で，名古屋大学を中心とした国際研究グループが発見した．我々が現在理解していること (そしてそれは素粒子物理学の標準理論の根幹の一つ) は，物質は6種類のクォークと6種類のレプトンでできているということである．

どうして六つあるのかはまだ誰にもわからない (私はわかっているという研究者もいるとは思うが，実験的に証明はされていない)．また，レプトンである電子の電荷とクォークの電荷の関係がどうしてぴったり 1/3 の倍数なのかもわからない (もちろんそうなっているので，原子が安定になっているのではあるが)．つまり，陽子は uud でできているので，ぴったり電子の電荷と反対になるし，中性子は udd でできているので足し合わせると電荷が 0 で中性になる．これはレプトンとクォークの間に何らかのつながりがあるためと想像できるのだが，実験に裏付けられてはおらず，これも現在残された謎の一つである．

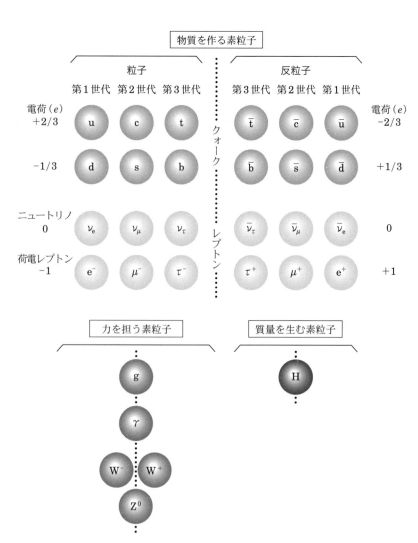

図 2.3　標準理論に出てくる粒子たち．ヒッグス粒子 (H) が長い間未発見であったが，これが LHC でついに発見された．点線の左右が粒子と反粒子の関係になっている．反粒子については，第 3 章を参照．

2.3.1 自然界の4種類の力

このように，我々の世界を構成する粒子 (素粒子と呼ぼう) は12種類に収まることがわかったが，次なる問題は，素粒子がどうやって互いに力を及ぼし合うのかである．これも，20世紀を通した研究で，自然界には4種類の力があることがわかってきた．

一つは我々が地球の上で生活できる理由にもなっている**重力**である．一番身近であるが，実は最もわかっていない．素粒子レベルでは重力の強さはあまりに弱く，ほとんど影響を及ぼさない．たくさん粒子が集まって大きな物質ができて初めて顕わになってくる力であるため，宇宙を議論する上では一番重要であるが，ここでは無視しておく (したがって図2.3にも載せていない)．

他の力でもっとも身近なのは**電磁気力**である．電子と原子核の間で働き原子が構成できる元になっているものである．我々の生活の中でも電気と磁気は重要な役割を果たしている．すべての電化製品が何らかの電磁気力を使っているし，実は我々の周りの力，たとえば摩擦力なども，突き詰めれば原子間の電磁相互作用に帰着できる．

あと二つは「**強い力**」と「**弱い力**」である．あまりにもあいまいな名前の付け方であるが，一番身近な電磁気力と比べて強いか弱いかでこのような名前になった．

強い力はクォークの間に働く力であり，クォークからできている陽子や中性子を，原子核として結合させている力である．陽子は正の電荷を持っているから，原子核のなかにある多数の陽子は電磁気力で互いに反発している．それなのに原子核として一体となっているということから，この強い力が電磁力より圧倒的に強いということがわかる．どのくらい強いかは，実は見方で変わるのであるが，原子核をつなげているレベルで見ると電磁気力の100倍，LHCの実験などで見ているクォーク同士の力のレベルで見ると，電磁気力の約10倍である．

弱い力はもっと説明するのが難しい．中性子は原子核の中では安定であるが，単独でいると陽子と電子とニュートリノに崩壊してしまう．このような崩壊を起こすのが弱い力である．上で，ある種の原子核は不安定であり，ある寿命で他の原子核に変わるということを述べたが，そういうことを起こす力である．太陽では陽子がヘリウムや炭素などの，いろいろな原子核になることによって，エネル

ギーを放出して輝いているが，そのきっかけとなるのもこの弱い力である．どのくらい弱いかと言うと，これも見方で変わるのだが，原子核の改変というレベルで見ると電磁気力の 1000 万分の 1 倍である．このように弱いので，原子核の崩壊や，太陽の燃焼などがゆっくり起こっており，それで人類が落ち着いて進化できてきたという側面もある．

強い力が，クォークの間だけで働くのに対し，弱い力はクォークとレプトンの両方に働く．弱い力はアップタイプのクォークとダウンタイプのクォークとを交換する力，そして電荷を持ったレプトン (電子，ミュー粒子，タウ粒子) とニュートリノを交換する力である．どうして粒子の交換と力が関係するのかを疑問にもつと思うが，そこが，**標準理論**のもう一つの骨子になる．

素粒子の標準理論では，力を媒介する粒子があると考える．たとえば，陽子と陽子がぶつかって電磁気力で反発を受けて散乱することを考えよう．それは，陽子と陽子との間で，電磁気力を伝える量子である**光子**を交換することで，運動量を移行すると考える．同様に重力での相互作用は重力子を媒介して，強い力は，(湯川は π 中間子と考えたが，クォークレベルでは) **グルーオン**を介して起こる．弱い力は電荷を持った **W ボゾン**と中性の **Z ボゾン**を介して起こる．この電荷を持った W ボゾンがくせ者で，これにより，弱い力では，粒子の電荷が変わる．電荷を持ったレプトンがニュートリノに変わり，アップタイプがダウンタイプのクォークに変わるわけである．

この考え方では，四つの力が違うのは，媒介する粒子が違うことによって説明できる．標準理論では，重力を除くと，すべて同じように数学的に定式化することができ (ゲージ相互作用とよぶ)，それを媒介する粒子を総称して**ゲージ粒子**と呼ぶ．物質を構成する粒子とともに，媒介粒子も図 2.3 に載せてある．重力を除くと，光子 (γ)，グルーオン (g) (実は 8 種類あるがとりあえず一つと数える)，W, Z ボゾン (ウィークボゾン，W^+, W^-, Z^0) の 4 種類で，クォーク，レプトンと合わせるとここまでで 16 の粒子がでてくる．この定式化で重要な点が二つある．

一つは，媒介する粒子が大きな質量を持つと力が弱く見えることであり，実際，光子の質量がゼロであるのに対して W ボゾンは陽子の 90 倍くらいの質量を持つ．弱い力が弱いのは実は媒介粒子が重いことによる点が大きく，それを考慮し

たあとの力の強さは実は電磁力とあまりかわらない．これによって，電磁力と弱い力は統一して考えられ，合わせて電弱相互作用と呼ばれる．

もう一つは，上記の点と矛盾しているようにも見えるが，ゲージ相互作用の定式化では，媒介粒子が質量を持ってはいけないということが示される．特に，宇宙の初期などの高いエネルギー状態で，この問題が顕著になる．WやZボゾンも質量ゼロであるはずなのに，実際は大きな質量を持っている．この矛盾をどう解決するかは標準理論の発展の上で重要であった．

2.3.2　ヒッグス場の登場

ここで，ヒッグスやアングレールたちの仕事になる．彼らは，もし上記の粒子のほかに，スピンをもたないヒッグス場というものがあり，それが宇宙の発展のある時点で相転移をおこすと，もともと質量を持たなかったWやZボゾンが質量を持つことを示した．さらにうれしいことに，この仕組みがあると，クォークやレプトンまで質量を獲得できる．つまり，本来はみんな質量が0であったものが，ヒッグス場というものがあったおかげで，宇宙の進化の最初の頃に，質量を獲得できたということになる．これによって，質量ゼロでないと扱えない**ゲージ理論**が，質量を持つ現実世界を記述する理論たり得ることになる．ちなみに，この相転移を「自発的対称性の破れ」と言うが，このアイデアは物性理論の研究からきており，素粒子への応用は南部陽一郎らによって導入された．

この考え方を裏付ける方法があるだろうか？　それがヒッグス粒子の探索である．ヒッグス場があってそれが相転移をした場合は，粒子に質量が現れるだけでなく，ヒッグス場からも質量を持った粒子が現れる．それがヒッグス粒子である．ヒッグス粒子は，中性でスピンを持たないことはわかるが，質量がいくつになるかは予想できない．

この探索は，標準理論の根幹をなす原理の証明として重要である．これまで，さまざまな加速器実験や他の実験を通して行われてきた．それこそ，ヒッグス粒子が電子の質量より軽い可能性から，すごく重い可能性まで考えると探索の手段は多種多様になる．救いは，標準理論の枠組みであれば，質量が決まると，ヒッグス粒子の性質をかなり正確に予言できることであった．つまり，探索にあたって，ある質量領域を探索するときは，どうやって探せば良いかの戦略をたてら

れた．しかし，残念ながら，ヒッグス粒子はなかなか発見されず，陽子の質量の100倍くらいまでの探索では現れなかった．

一方で，標準理論では素粒子の振る舞いを非常に精度よく説明できることがわかってきた．精度のよい実験が出てくると，そこに，ある程度ヒッグス粒子の影響を見ることができる．特に，ヒッグス機構で質量を持つことになる，WやZボゾンの特性の精密測定と，クォークの中で一番重い質量を持つトップクォークには，ヒッグスの質量の効果がかすかに現れる．CERNにおける電子・陽電子衝突加速器 (**LEP**) でのW, Zボゾンの精密測定と，米国フェルミ研究所における，陽子・反陽子衝突加速器 (**Tevatron**) でのトップクォークの精密測定の結果，ヒッグス粒子の質量は，それまで探索してきた質量領域からそれほど遠くない領域にありそうだと考えられた．LHCが始まる時点で，ヒッグス粒子の質量はLEPによって $114\,\mathrm{GeV}/c^2$ 以上とされていた．この上の領域の探索がLHCにたくされた．

2.4　LHC加速器と実験グループ

LHCは，ヒッグス粒子があるのであれば必ず発見できるように設計された加速器である．あるかわからない粒子を「必ず」発見できるとはいえないが，上記のように標準理論の枠組みの中では，ヒッグス粒子の質量と性質の関係が予測できるので，それを逃さないように設計することができる．その上で，もし発見できなかったならば，それはヒッグス機構が間違っているということである．その場合は，高いエネルギーでのゲージ理論の矛盾が見えることとなり，それもLHCで捕らえることができる．つまり，LHCはヒッグス粒子そして標準理論の確立に関して，結論が出せる加速器として計画が発足した．

LHCの建設の承認は1994年．ただし，建設費用がかさむため，最初は半分のエネルギーで進めるという段階的な計画とされた．つまり，陽子を曲げて1周させるために必要な磁石をまず半分だけ設置して行う計画であった．しかし，そこで日本からの朗報があった．日本政府は，他国に先駆けて1995年6月のCERN理事会で，LHCの建設に日本も貢献することを表明した．その後，ロシア，カナダそして米国などの参加表明が続き，LHCが，欧州だけの計画でなく，世界的な計画として進むことになった．これで予算の問題が解決したため，最初から

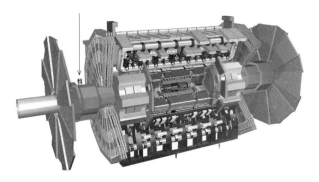

図 2.4 ATLAS 測定器の模式図．矢印のところに 2 人の人間が立っていることからわかるように，非常に大型な測定器で，長さ約 44 m 高さ約 25 m である (© CERN).

すべての磁石を揃える計画として進めることができた (現実には，磁石のトラブルにより，完成直後の 2009 年にヘリウム大流出事故があり，その影響で，設計エネルギーの半分の 7 TeV で始まることになったが，磁石はすべて並んでおり，LHC としては実験開始時にすでに「完成形」になっている).

LHC の加速器の 4 か所でビームが交差して衝突を起こす．ヒッグス粒子発見や高いエネルギーでの新粒子探索を目指す実験は ATLAS と CMS の二つの国際共同実験グループである．それぞれ 3000 人くらいの研究者がチームになった大規模な実験である．日本からは，高エネルギー加速器研究機構 (KEK) と 15 大学からの 100 名を超える研究者・大学院生が ATLAS 実験に参加して実験を進めている (図 2.4). 2009 年の 11 月に初めての陽子・陽子衝突を起こすことができた.

LHC での陽子・陽子衝突というのは，たとえばロケットの打ち上げのように，ある瞬間にドンと起こるように思われるかもしれないが，そうではない．LHC の中には陽子を 10^{11} 個くらいの塊にしてまとめて加速・貯蔵する．これをバンチと呼んでいる．一つのバンチの大きさは，長さが数十 cm, 直径が 16 μm くらいの細い形状になっている．このバンチが真空になっている LHC の片方のリングのビームパイプの中に，約 3000 個詰められて，加速された後貯蔵される．もう一つのリングにも同数のバンチが貯蔵され，ATLAS や CMS の実験装置の中心で衝突する．バンチ同士の衝突では実はほとんどの陽子がすり抜けてしまう．

前に述べたように陽子の半径は約 1 fm＝10^{-15} m である．直径 16 μm のバンチに 10^{11} 個ということは，バンチの正面からみたときに陽子が占める面積の割合は

$$\frac{3.14\times(1\times10^{-15})^2\times10^{11}}{3.14\times(8\times10^{-6})^2}=1.5\times10^{-9}$$

となり非常に小さく，すかすかの状態である．1 回のバンチの衝突では約 10 個の陽子・陽子衝突が起こる．残りのほとんどの陽子はそのまま通過しまた一周回ってきて次の衝突が起こる．

つまり 1 回の衝突ではほんのわずかな陽子しかロスしないので，いったん陽子・陽子衝突が始まると，約一日かけて徐々にバンチの陽子の個数がへっていく．一方，バンチの衝突は一秒間に 4 千万回起こる．だから，実際は淡々と衝突が起こり，ずっと継続して実験が進んで行く．

ATLAS の実験装置は，いわば，その毎回のバンチ衝突時に衝突で発生した粒子の「写真」をとっていくものである．たとえば，後のヒッグス粒子の発見につながった「写真」を図 2.5 に示す．この事象はヒッグスが生成して，それがすぐに二つの Z ボゾンに崩壊し，それぞれの Z ボゾンがさらに二つのミュー粒子に崩壊したと考えられる．ほぼ直線状に伸びた四つの線が，生成したミュー粒子に対応する．

左上に示した図は，たくさん出ている粒子がどこで発生しているかを示していて，10 か所近い発生源があることがわかる．それぞれが一つひとつの陽子・陽子衝突に対応する．上記の四つのミュー粒子は同じ所から発生していることも見て取れ，すべてのミュー粒子が一つの陽子・陽子衝突起源であることを示している．これが別々の衝突点からでていたら，ヒッグス粒子の崩壊からできたものとはいえなくなる．

ATLAS 実験装置，つまり，このカメラの性能が，ヒッグス粒子発見の鍵を握ることになる．後に述べるヒッグス粒子発見の結果から考えると，実はヒッグス粒子は数十秒に一つくらいの頻度でできていることになる．つまり，一年間の LHC 運転では，実にたくさんの数のヒッグス粒子がつくられている．

それでもそれを発見するのは非常に大変な作業になる．というのは，一つのバンチ衝突で 10 個の陽子・陽子衝突があるので，ヒッグス粒子が作られない衝突

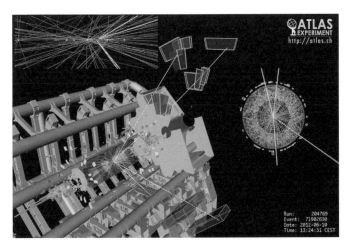

図 2.5　ATLAS 実験で捕らえたヒッグス粒子生成事象の候補．測定器の中心から外へ4本伸びている線が，ヒッグスが崩壊してできたミュー粒子を意味する．左上は，衝突点付近の拡大図で，4本のミュー粒子(太線)は同じ衝突点から生じていることがわかる (©CERN)．

というのは，実はヒッグス粒子発生の100億倍もある．その中には，たまたまヒッグス粒子と似た「写真」がとれる場合がある．100億回に1回ということは，自分のパートナーの写真を全世界の人間の写真の中から間違えずに探し出すより厳しいと言えば，それがいかに大変かわかると思う．他人のそら似に注意してなくてはならない．間違って「発見」しないためには，いろいろな角度から精度よく測る高性能な「写真機」と，空似にまどわされない「穏やかな心」が重要である．人間はかなりいい加減なもので，あると思って見るとないものも見えてしまうから注意しないといけない．

　ATLAS 測定器は衝突で発生した粒子の性質を可能な限りよい精度で測れるように，世界中の実験エキスパートが集まって作ったものである．衝突点の周りを穴がないように取り囲み，粒子の性質を測るために異なった機能を持った測定器が何重にも取り囲んでいる．これが，一つの実験に多くの研究者が関わらないといけない理由である．

　さらにおもしろいのは，他人の空似とヒッグス粒子を区別することは，いかにある検出器が優れていても単独ではできず，多くの検出器の情報を組み合わせて

初めて効果があるということである．つまり，集まってきた各グループが自分の作った測定器のデータだけ見ていても何の結果も得られない．結局みんなのデータを総合しない限り，目的が達成されることはない．常にみんなで協調して行かなければ，研究の成果が得られない．

　日本の研究者は測定器の建設では，ミュー粒子の検出器と，荷電粒子の運動量を測定する飛跡検出器を中心に担当した．しかし，データを取り出した後は，それらの測定器だけでなく，建設にはまったく関与しなかった測定器の情報も巧みに組み合わせて，さまざまな国の研究者と議論を戦わせながら，ヒッグスが崩壊する事象を捕らえることができた．必要性から得られたものではあるが，LHCの実験では，互いに歩み寄らなければ何も生まれないという点で，真の国際協調が進められているといえる．

2.5　ヒッグス発見

　LHC の運転は順調に進んだ．発見された質量領域では，ヒッグス粒子は，多様な作られ方をしてさまざまな崩壊の仕方をする．一番頻度が高いのは，それぞれの陽子からグルーオンが出てそのグルーオン対からヒッグス粒子が作られ，それがボトムクォーク対に崩壊するというものであるが，これは他の陽子・陽子衝突のゴミに埋もれてしまい非常に観測が難しい．なぜなら，ボトムクォーク対は陽子・陽子衝突のほぼ 100 回に 1 回はできるので，似た事象がたくさんあるからだ．

　一番発見しやすいのは，グルーオン対からできたヒッグス粒子が二つの光子に崩壊する過程である．これだと二つの高いエネルギーの光子が現れ，それを精度よく測れるため，その二つの光子のエネルギーと運動量から，その 2 光子がどんな質量のものから崩壊したかを測定できる (2 光子の**不変質量** $M_{\gamma\gamma}$ と呼ぶ)．もちろん，陽子・陽子衝突で光子もたくさんでるが，高いエネルギーの物が二つ出ることは少ないし，ヒッグス粒子が崩壊してできた 2 光子ならば，不変質量 $M_{\gamma\gamma}$ がある値に集まるはずである．図 2.6 が発見当時の $M_{\gamma\gamma}$ 分布である．質量 $126\,\mathrm{GeV}/c^2$ のところに盛り上がりが見えるが，これがヒッグス発見の決め手となった．

　ほかの崩壊モードの探索も並行して行われている．2 光子の場合と同様にピー

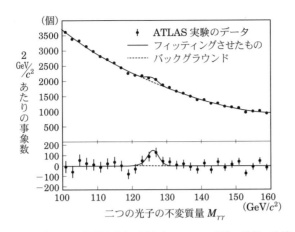

図 2.6　二つの光子の不変質量分布. 黒丸が ATLAS 実験の結果. 破線はヒッグス粒子がない場合の予想. 126 GeV/c^2 のところの盛り上がりがヒッグス粒子に対応する. 下図は上図からバックグラウンド (破線) を引き算した後の結果 (ATLAS Collaboration, G. Aad *et al.*, *Phys. Lett. B*, **716** (2012) 1–29).

クが見えるものとしては, ヒッグスが二つの Z ボゾンに崩壊し, それぞれの Z ボゾンがレプトン対 (電子・陽電子対, あるいはミュー粒子対) に崩壊する事象がある. その結果を図 2.7 に示す. こちらでもわずか 10 事象程度であるが, 2 光子の場合と同じように 126 GeV/c^2 付近に集まっている.

どちらの場合にも同じ質量にピークが見えたこと. そして前に書いたようにヒッグス粒子であればどれだけできるはずかが定量的に予言できているが, それとほぼ一致していること, そして ATLAS と CMS の両実験で同じように見えていること, これらが, (一つひとつの図を見ると心許なく見えるかも知れないが) 新しい粒子が発見されたと言うことを, 確信させるものとなった.

ここで, 一番観測しやすい 2 光子崩壊は, 上の説明からでは, なかなか不可解に思えるかも知れない. ヒッグス粒子は, W や Z ボゾンに質量を与える粒子なのでこれらと関係が深いのは当然であるし, 質量と関連したものなので重い粒子と結合しやすくもある. ところが, 発見に使われたのは, ヒッグス粒子が質量 0 のゲージ粒子であるグルーオン対から作られ, これまた質量 0 のゲージ粒子である光子対に崩壊するモードである. 一義的にはヒッグス粒子はこれらの粒子とは反応しないはずなのだ. 実は, このモードには図 2.8 にあるように, 生成・崩

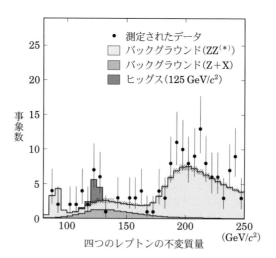

図 **2.7** 四つのレプトンの不変質量の分布.黒丸が ATLAS 実験で得られた結果で,ヒストグラムが標準理論からの予想,$125\,\text{GeV}/c^2$ 付近のピークがヒッグス粒子の信号に対応する (ATLAS Collaboration, G. Aad *et al.*, *Phys. Lett. B* **716** (2012) 1–29).

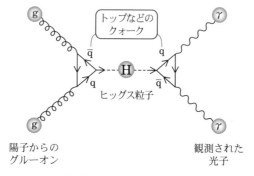

図 **2.8** LHC での陽子・陽子衝突からのヒッグス粒子の生成と崩壊.それぞれの陽子から出たグルーオンがクォークを介してヒッグス粒子を作り,それがまたクォークを介して二つの光子に崩壊する.

壊の両方の過程で一瞬のあいだクォークと反クォークができて消滅するという過程が入っていて，その中でも一番重いトップクォークが最も寄与している．つまり間接的にクォークとヒッグスの結合を見ている反応である．そういう点では，「ややこしい」反応で，それが，標準理論の予測と結構合っているということは，この粒子が標準理論のヒッグス粒子であることのかなり強い傍証になっている．

その後，2012年12月まで，陽子・陽子衝突のデータをため続け，ATLAS，CMS両実験とも，それぞれのピークがさらに揺るぎないものになっている．ヒッグスが光子対崩壊や，Zボゾン対崩壊だけでなく，Wボゾン対への崩壊やタウ粒子対崩壊をすることも確立できた．後者は，ヒッグス粒子がゲージ粒子だけでなく，レプトン対に崩壊することを直接示しており，ヒッグス粒子であることを示す重要な事実となる．崩壊した粒子がどういう方向に放出されるかをみることで，親粒子のスピンも決定できる．ATLAS，CMSの両方の結果は**スピン0**を強く示しており，ここでもこの新粒子がヒッグス粒子であることを示している．

2.6 新たな始まり

ATLASとCMS実験によるヒッグス粒子の発見は，標準理論で予言された最後の粒子を発見し，標準理論が完成したという重要な到達点である．特に，本来質量を持たないクォークやレプトンと，質量を持たない力を媒介するゲージ粒子で成り立つ理論が，ヒッグス場の自発的対称性の破れの影響でそれぞれが質量を獲得して現在の宇宙となったという，標準理論の一番重要な仮説が正しいことを，ほぼ50年を経て実験的に示すことができた意義は（たとえ，多くの研究者がこれは正しいと思っていたという事実があったとしても），非常に大きい．

しかし，これですべてが理解できたわけではない．たしかに，標準理論ではヒッグス場があれば粒子が質量を持つことがわかったが，それではヒッグス場がいったいどうして存在するのかは説明できない．標準理論では，これは，とってつけたように入れている．

もちろん，ただあるというだけで十分で，理由などは必要ないという考え方もある．しかし，たくさんの仲間がいるクォークやレプトン，ゲージ相互作用の型によって3種類あるゲージ粒子などと比べて，スピン0のヒッグス粒子は「孤立」している粒子である．標準理論の発展においては，見てくれのまったく違う

現象を同じ原理で説明するということで成功を収めてきた．現在の標準理論でもクォーク，レプトンとゲージ粒子そしてヒッグス粒子と三つの違ったものがあるが，もっと高いエネルギーではそれらも統合されるのではないかという期待は高い．

宇宙の観測からは，標準理論の粒子では説明できない物質，いわゆるダークマターが，通常の粒子よりもたくさん存在することが示唆されている．また，近年の，宇宙の膨張の具合と全体のエネルギー収支を詳しく調べて見ると，宇宙の膨張を加速する**ダークエネルギー**がさらに多く宇宙空間に充ち満ちている可能性が高い．これらは，まだ我々の知らない物質や場があることを示している．これらと標準理論の粒子群がどう関係するのか (あるいはまったく関係しないのか) はこれからの大きな研究課題である．

ダークマターが現在の宇宙にたくさん存在するということは，それが安定な物質である，つまり，ほかの粒子に崩壊しないということを示している．通常の物質では，原子，つまり，電子と原子核を構成する u, d クォークが宇宙を構成しているが，これは，これらの素粒子がクォークとレプトンのなかで一番軽いために，それよりほかの粒子に崩壊できないためである．上に述べたように，ミュー粒子であれば約 2 マイクロ秒で，電子と二つのニュートリノに崩壊してしまう．ダークマターもただ一種類でなく，クォークやレプトンのようにたくさんの種類がある新しい素粒子が起源となっていて，そのうち重いものはみんな崩壊してしまって，その中で一番軽いものだけが残ったのではないかと考えられる．

ダークマターの候補として一番検討されている粒子は**超対称性粒子**である．これは物質を構成する**フェルミ粒子**と力を媒介する**ボース粒子**との間に対称性を求める超対称性理論で出てくる粒子である．この理論では，標準理論の粒子すべてに，スピンが 1/2 だけ違ったパートナーがいる．パートナーのなかで一番軽い粒子がダークマターとして宇宙に残っていると考えられる．このモデルの魅力的なところはたくさんあるが，ヒッグス粒子やゲージ粒子のパートナーはスピン 1/2 で通常のクォークやレプトンと同じ，クォークやレプトンのパートナーはスピン 0 でヒッグス粒子と同じになる．標準理論でそれぞれまったく違った役割を持ったものが統一されているという点も非常に美しい．

加速器を使った研究は，これらの点でもこれから多くの進展が期待される．高

いエネルギーの粒子衝突で，これらの未知の粒子が生成されれば，その質量・性質 (電荷やスピン，どんな粒子と相互作用するかなど) を測定できる．LHCでは，おそらくダークマターそのものを直接生成するのは難しいと考えられるが，同じ仲間の重い質量をもった粒子を生成し，それが崩壊してダークマターの粒子ができる反応を探すことができる．加速器で発見した物質の性質で，現在宇宙に残っているダークマターの総量が説明できることになれば，まったくちがう観測結果を一つの原理で説明できることになり，まさに人類の知の勝利といえる．

残念ながら，まだ我々はこの勝利を勝ち得ていない．2012年までのLHC加速器の運転期間中に，ATLASもCMSもいろいろな手法で新粒子を探索してきたが，2014年時点では徴候が得られていない．超対称性粒子で言えば，陽子・陽子衝突のなかで，クォークやグルーオンの高エネルギー衝突が起き，そこからそれぞれのパートナーである**スクォーク**や**グルイーノ** (と名付けられている粒子) ができ，それがすぐに通常のクォークやグルーオンとダークマターの粒子に崩壊するという可能性をまず探索した．しかし，徴候は現れず，スクォークやグルイーノは，存在するとしても，陽子の質量の1000倍以上の重さがありそうである．

LHCの研究者たちは，引き続き収集したデータの中から，何らかの徴候を見つけようと研究を続けている．スクォークなどよりはるかに発生頻度が低いと考えられるゲージ粒子のパートナーの探索や，新粒子の質量の関係で観測が非常に難しいモードにしか崩壊しない場合なども想定して，見逃していないかどうかを調べるためのいろいろな新しいアイデアを出して探している．

2015年から再開するLHC運転で大きな飛躍が期待される．2年間の加速器改修によって，陽子のエネルギーをほぼ目標値にまで上げられると期待されている．2012年のLHC運転では重心系のエネルギーが8 TeVであったが，これを13 TeVに上げて実験が始まる (状況を見ながら，その後設計値の14 TeVに上げていく)．新粒子探索の質量範囲が一挙に2倍近くに増えることになる．

もう一つのアプローチは，今回発見したヒッグス粒子の性質を精密に調べていくことである．先ほど述べたように，ヒッグス粒子は標準理論では「孤立」した粒子であるが，もしかするとヒッグス粒子も複数あるかもしれない．たとえば超対称性理論では，電荷を持ったヒッグス粒子もあり，全部で5種類の仲間のいるグループを成す．2個目，3個目のヒッグス粒子の探索も進めており，複数ある

場合は，それぞれの役割が影響し合うことで，今回発見したヒッグス粒子の崩壊の仕方が，標準理論の予想からずれてくることも期待される．

標準理論のヒッグス粒子の崩壊する頻度は，粒子の質量と関連している．それが超対称性理論のヒッグス粒子であれば，単純に質量だけでは説明できないかもしれない．各粒子のヒッグス粒子との結合の強さと各粒子の質量の関係は，今のところだいたい標準理論と合っているが，誤差はまだまだ大きい．これからたくさんのヒッグス粒子崩壊事象を集めて研究することで誤差を小さくしていくと，予想からずれてくるかどうかが興味深い．

すでにヒッグス粒子の質量が $126\,\text{GeV}/c^2$ とわかったことで，多くの研究者がその意味をとらえようとしている．宇宙の始まりの時にさかのぼって考えると，ヒッグス場がどのように変わって行くかを，標準理論の立場からたどることができる．もし標準理論から予測すると異常が起きてしまい，ビッグバンまではさかのぼれないということになると，それは標準理論以外の仕組みがあることの証明になる．

つまり，「標準理論の予測だと現在の宇宙ができる途中でおかしなことになってしまうが，実際は我々がいる．だから，なにか他の原理があっておかしなことが回避されていたのだ」という論法である．現在測定で決まったヒッグス粒子の質量は，ビッグバンまでさかのぼってもおかしなことが起こらないぎりぎりくらいのことを示している．つまり，標準理論以外の原理がないとしてもおかしくはないともいえる微妙なところである．一方で，ダークマターは宇宙に厳然として存在するようにも見える．

2020年代の実験は，LHCを高輝度化してたくさんのデータを集めることを中心として進み，非常に稀に起こる高い質量の新粒子生成を捕らえようとすることと，それと並行してヒッグス粒子の精密測定を進めることになる．後者に関しては，日本に建設が検討されている電子・陽電子の直線型の衝突加速器 (**ILC**) によって，LHCより飛躍的に高い精度で進めることも期待されている．

ヒッグス粒子の発見はLHCでの素粒子物理研究の華々しいスタートを飾るものになったが，さらに謎が深まってきている面もある．発見したヒッグス粒子の精査を糸口として，これから長い期間をかけてこれらの謎に迫っていく．

参考文献

[1] LHC でのヒッグス粒子の研究は進行中であり，どんどん新しい結果が出てきている．最新情報は，アトラス日本グループのホームページ `http://atlas.kek.jp/index.html` や，アトラス実験のページ `http://atlas.ch/` を参照してほしい．

[2] 啓蒙書としては，

浅井祥仁著『ヒッグス粒子の謎』，祥伝社 (2012)，

大栗博司著『強い力と弱い力 —— ヒッグス粒子が宇宙にかけた魔法を解く』，幻冬舎 (2013).

[第3章]

反物質はどこへ
素粒子実験が挑む物質優勢宇宙の謎

市川温子

3.1 反物質とは

 私たちの身の回りに存在する物質，そして私たちの体はクォークと電子からできている．現代の科学ではクォークや電子は，それ以上分割することのできない「素粒子」であると考えられている．そして，これらの素粒子には，"ほとんど"同じ性質をもつ「反粒子」が存在することがわかっている．反物質とは反粒子，すなわち反クォークや反電子等でできた物質をいう．

3.1.1 反粒子——ディラックの夢想

 では，反粒子とはなんであろうか？ 我々が粒子と呼んでいる原子や素粒子は，実は波としての性質も合わせ持つ．粒子がどの位置にどういう運動量を持って存在しているのかは，量子力学に従う**波動関数**で記述される．たとえば，エネルギー $E=E_0$，運動量 $p=p_0$（ここで E_0, p_0 は正の値とする）で $+x$ 方向に進む粒子の波動関数は

$$\sin(E_0 t - p_0 x) \tag{3.1}$$

で与えられる[1]．量子力学では，この波動関数の振幅の二乗が，粒子が時刻 t で位置 x に存在する確率を与える．
 さて，アインシュタインの**相対性理論**によれば，粒子のエネルギー E, 運動量

---

[1] 正確には，$e^{-\frac{i}{\hbar}(E_0 t - p_0 x)}$ とすべきであるが，ここでは簡単のため正弦波の部分だけを載せた．ここで，$\hbar$ はプランク定数と呼ばれる数であるが，これも本章では省略する．

p, 質量 m の間には

$$E^2 = (mc^2)^2 + (pc)^2 \tag{3.2}$$

の関係が成り立つ．c は光速である．この式から通常は，運動量 p の粒子はエネルギー $E = \sqrt{(mc^2)^2 + (pc)^2}$ を持つと考える．しかし数学的には，$E = -\sqrt{(mc^2)^2 + (pc)^2}$ も式 (3.2) を満たす．古典力学では，このような負のエネルギーは意味を持たないが，量子力学ではどうであろうか．式 (3.1) で E_0 を $-E_0$ と入れ替えると

$$\sin(-E_0 t - p_0 x) \quad \text{すなわち} \quad -\sin(E_0 t - (-p_0)x) \tag{3.3}$$

となる．これは見かけ上，エネルギー E_0 (正の値)，運動量 p_0 で $-x$ 方向に進む波と同じである．つまり，量子力学では，相対性理論の要請する式 (3.2) を満たす正の解と負の解が許される！ 1928 年，ディラック (P. Dirac) は量子力学において波動関数を決めるシュレーディンガー方程式を相対性理論を満たすように拡張し，このような負のエネルギーに対応する粒子，すなわち反粒子の存在を予想したのである．そもそも，同一の粒子の異なるエネルギー状態なので，反粒子は粒子と同じ質量や寿命を持たねばならない．

3.1.2 反粒子の電荷

反粒子を電場の中に置くと何が起こるであろう．電荷 q を持った粒子が電位 V の位置にあるとエネルギー qV を持つ．そのため，式 (3.1) の波動関数は

$$\sin(E_0 t - p_0 x) \quad \longrightarrow \quad \sin((E_0 + qV)t - p_0 x) \tag{3.4}$$

となる．反粒子の場合には次のようになる

$$\sin(-E_0 t - p_0 x)$$
$$\longrightarrow \quad \sin((-E_0 + qV)t - p_0 x) = -\sin((E_0 - qV)t - (-p_0)x). \tag{3.5}$$

式 (3.4) と式 (3.5) を比べると，図 3.1 のように反粒子が電場に対して反対の力を受けることがわかる．すなわち，反粒子は，粒子と同じ質量，寿命を持つが，電荷は反対の粒子として振る舞う．

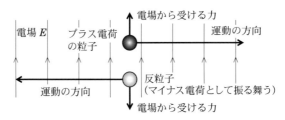

図 **3.1** 粒子と反粒子の電場の中での振る舞い．反粒子は，電場から粒子とは逆の力を受ける．

3.1.3 反粒子の発見

ディラックが予言した負のエネルギー状態に対応する粒子は本当に存在するのだろうか？ 1932 年，アンダーソン (C. Anderson) は宇宙線の中に，電子と同じ質量を持ち電荷が反対の粒子が存在することを発見した．反電子 (陽電子と呼ばれる) の発見である．1955 年には，加速器を用いて人工的に反陽子を作ることに成功している．図 2.3 (p.26) は，現在までに見つかっている素粒子である．素粒子には，物質を構成する元となるクォークとレプトン，クォークやレプトンの間に働く力 (相互作用) を担ったり質量を生み出すボゾンが存在する (第 2 章参照)．陽子や中性子はクォークがそれぞれ 3 個集まってできている．電子はレプトンの 1 種である．ボゾンの中で最も身近に存在するのが光子である．

3.1.4 反粒子と CP 対称性

波動関数 (3.4) の中で，$x \to -x$, $q \to -q$ の置き換えをすると，(符号を除いて) 反粒子の波動関数 (3.5) と等しくなる．$x \to -x$ の変換は空間反転 (パリティー，P) 変換，$q \to -q$ の変換は荷電反転 (チャージ，C) 変換と呼ばれる．二つ同時の変換が CP 変換と言われ正エネルギー状態と負エネルギー状態の入れ替えと等しく，相互作用の仕方も含めた粒子と反粒子の入れ替えに対応する．したがって，粒子と反粒子が (電荷等の符号が反対になることを除くと) 同じ性質を持つということは CP 対称性が成り立っていることを意味する．

3.1.5 粒子・反粒子の生成と消滅

素粒子は，それ以上分割することのできない究極の粒子とされるが，しかし，何らかのきっかけがあれば，図 3.2 のように相互作用を担う粒子を吸収したり放

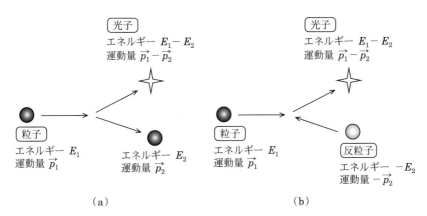

図 3.2 素粒子は，光子などを放出したり吸収したりする．その際に，エネルギーと運動量は変化する．(a) 粒子が光子を放出，(b) 粒子と反粒子が出会うと，消滅して光子などを放出．

出したりすることができる．その際には，吸収，放出した分だけエネルギーと運動量が変化する．通常，放出後のエネルギー E_2 は正と考えるが，もし E_2 が負であったらどうであろうか？ 負のエネルギーを持つ波動関数は，逆方向に走る正のエネルギーの反粒子として振る舞うので，このような現象は，粒子と反粒子が出会って，光子を放出するように見えるであろう．つまり，粒子と反粒子が出会うと消滅し，後には別の粒子，たとえば光子が残る．

実際には，エネルギーと運動量の保存を満たすために，光子1個が放出されることはない．その代わり，図3.3のように光子がただちに(量子力学的に不確定な短時間の間に) また別の粒子–反粒子になる，ということが起きるのである．つまり，粒子と反粒子は，対で消滅したり，生成したりするのである．このように究極の粒子である素粒子は永遠不変の存在ではなく，時空の中で生成，消滅を繰り返すうつろいやすい存在なのである．

3.1.6 素粒子ドラマの舞台

前節では，光子を介して，粒子・反粒子が消滅したり生成したりすると述べたが，実際には，光子だけではなく，グルーオン，ウィークボソンなどさまざまな粒子が飛び交う．

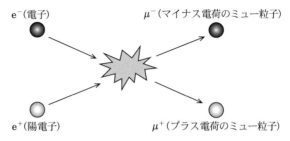

図 3.3 粒子 (e^-) と反粒子 (e^+) が出会うと消滅し,別の粒子 (μ^-) – 反粒子 (μ^+) が生成する.

興味深いことに,荷電ウィークボソン W を放出または吸収する[2]と粒子の種類が変わる.たとえば,電子は電子ニュートリノに,u クォークは d クォークに変化する.なぜ,このようなことが起きるのか? 標準理論では,電子と電子ニュートリノ,あるいは u クォークと d クォークは実は一つの粒子の異なる状態であり,W ボソンを放出ないし吸収することによって状態が変わると考える.これは非常に不思議なことで,なぜレプトンには荷電レプトンとニュートリノが存在するのか,クォークには電荷が $+2/3$ のものと $-1/3$ のものが存在するのかという未解決の問題と密接に関係していると考えられている.

ミュー粒子が W ボソンを放出し,その W ボソンが電子と反電子ニュートリノを生成する場合がある.このようにある粒子が,別の複数の粒子に変わってしまう現象を粒子の崩壊という.崩壊が起きるには,元の粒子が,生成される複数の粒子の質量の和よりも重くなければならない.崩壊は,時間が経つにつれて一定の割合で起きる.ある時間が経つと崩壊せずに生き残っている確率は $1/e$ (e は自然対数の底) となる.その時間を粒子の寿命と呼ぶ.

さて,光子などが粒子の間を飛び交う時間のスケールは量子力学的に不確定なほど短いため,物理学者はこのように「仮想」的に飛び交う粒子の状態を「仮想粒子」と呼ぶ.現代の素粒子物理学では,定められた法則に従って既知の仮想粒子が飛ぶ頻度を計算し,どのような反応がどれくらい起き易いのか,という予想を行う.仮想粒子は,エネルギーについても量子力学的に不確定であるので,

---

[2] 「放出」,「吸収」という言葉を使っているが,量子力学的には差異はない.「結合」と呼ぶ方が適切であるが,本書ではわかりやすいよう「放出・吸収」という言葉を使うこととする.

重くて直接は作り出せないような粒子も飛び交うことが可能である．たとえば，ミュー粒子の崩壊では，仮想的に飛ぶ W ボソンは，ミュー粒子よりもずっと重い．もし，未知の粒子が存在して飛び交うと，実験と理論計算の間にずれが見える．このようにして，反応の起きやすさを実験結果と理論計算で比べることで，未知の粒子を探すことが可能となる．CERN の LHC では，史上最高エネルギーで粒子を衝突させることにより，直接重い未知の粒子を探すが (第 2 章参照)，低いエネルギーでも実験と理論計算のずれを探すことで，重くて直接は作り出せない未知の粒子を探索することが可能なのである．

3.2　宇宙には，なぜ反物質がないのか？

宇宙の始まりに放出された莫大なエネルギーから，やがてクォークやレプトンが粒子・反粒子対の形で生成された．したがって，宇宙には同じ数の物質と反物質が存在するはずである．ところが，我々の身の回りには，物質しか見当たらない．これは，現代の科学では未解決の大きな謎である．

3.2.1　サハロフの三原則

1967 年，サハロフ (A. Cáxapoв) は，物質ばかりが存在する宇宙，すなわち物質優勢宇宙が創生されるための三つの条件を明らかにした．

- バリオン数の保存を破る相互作用が存在すること
- CP 対称性と C 対称性を破る相互作用が存在すること
- 非平衡状態が存在すること

バリオン数というのは，陽子や中性子の仲間の数である．これらはクォーク 3 個で構成されているため，バリオン数は，クォーク 1 個につき +1/3, 反クォーク 1 個につき −1/3 となる．クォークと反クォークが同じ数だけ存在すると，全体のバリオン数は 0 となる．宇宙が物質ばかりで満ちているということは，バリオン数が 0 ではないということでもある．したがって，バリオン数の保存を破る相互作用というのは，粒子が反応したときにクォークの数と反クォークの数に違いがでるような相互作用である．

バリオン数の保存を破ることができても，反粒子で同じように破れていては，宇宙全体のバリオン数は 0 になってしまう．そこで 2 番目の条件，CP 対称性と

C 対称性の破れが必要となる.

さらに,この二つの条件が満たされていても,系が平衡状態では,逆の反応が同じだけ起きてしまい,やはりバリオン数が 0 となる.このため 3 番目の条件が必要となる.

宇宙創生時には 3 番目の条件は満たされるが,問題は,1 番目の条件「バリオン数の保存を破る相互作用」の存在と,2 番目の条件「CP 対称性と C 対称性を破る相互作用」の存在である.

3.3 CP 対称性の破れの発見

人類は,物理法則は **P 変換**や **CP 変換**について対称であるとずっと信じてきた.P 変換 (パリティー変換) は鏡像変換とも呼ばれ,P 対称性が破れるということは,鏡に映した世界とこちらの世界で物理法則が異なるということであり,そんなことが起こるとはなかなか信じがたい.しかし,弱い相互作用では P 対称性が大きく破れているという驚きの事実が 1956 年に明らかとなった.それでも,その後も P 変換と同時に C 変換も行えば,物理法則は変わらないと信じられていたのである.つまり,粒子にとって,鏡のこちらと向こうでは物理法則に違いがあっても,鏡の向こう側の粒子だけ反粒子にすれば違いがなくなるはずだと思われていた.ところが 1964 年,加速器を用いた実験で K^0 と呼ばれる粒子において **CP 対称性**を破るような崩壊が稀に起きるということがわかり,物理学者はまたもや衝撃を受けた.

3.3.1 K^0 粒子

K^0 粒子というのは,d クォークと反 s クォークでできた粒子である.これに対して,反 K^0 粒子は,反 d クォークと s クォークでできている.K^0 粒子はとても奇妙な性質を持った粒子で,K^0 粒子として生成された後,時間が経つにつれて反 K^0 粒子に入れ替わり,また K^0 粒子に戻る,といった具合に K^0 粒子と反 K^0 粒子の間を「振動」する.これは,図 3.4 のように K^0 粒子の中の d クォークが弱い相互作用に起因するある特別な反応で s クォークに変わり,もう一方の反 s クォークも同じように反 d クォークに変わるためである.このように K^0 粒子というのは,反 K^0 粒子との間をうつろっているため,実際に観測されるのは,

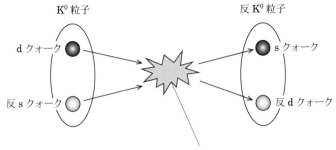

図 3.4 K^0 粒子と反 K^0 粒子は入れ替わり，互いの間を「振動」している．

K^0 粒子の波と反 K^0 粒子の波との (量子力学的な) 重ね合わせの状態となる．その重なり方には 2 種類あって，それぞれ異なる寿命をもった 2 種類の粒子として観測される．

$$K_S = (K^0 の波) + (反 K^0 の波) : 寿命 \sim 10^{-10} 秒$$
$$K_L = (K^0 の波) - (反 K^0 の波) : 寿命 \sim 10^{-7} 秒$$
(3.6)

寿命の短い方を K_S 粒子 (S は Short を意味する)，寿命の長い方を K_L 粒子 (L は Long を意味する) と呼ぶ．K_S 粒子は，パイ (π) 粒子[3] 2 個に崩壊するのであるが，K_L 粒子が π 粒子 2 個に崩壊することはないと考えられていた．それは，K^0 が π 粒子 2 個に崩壊する波と，反 K^0 が π 粒子 2 個に崩壊する波が，K_L では正確に打ち消し合うためである．1964 年に発見された事象は，この K_L 粒子が稀に π 粒子 2 個に崩壊するというものであった．この意味するところは，K^0 からの波の寄与と反 K^0 からの波の寄与に違いがある，つまり CP 対称性が破れているということである．

3.3.2 小林–益川の理論

K_L 中間子の崩壊で見つかった CP 対称性の破れはどのように説明されるのであろうか．その説明に成功したのが**小林–益川の理論**である．小林 誠と益川敏英は，当時 (1972 年) クォークが 3 種類しか見つかっていなかったにも関わらず，

---

[3] u ないし d クォークと，反 u ないし反 d クォークでできた粒子．

クォークは 6 種類あるのだという理論を提唱した．前節で K^0 と反 K^0 粒子が入れ替わるのは，弱い相互作用に起因するある特別な反応によると述べた．どのような反応か一例を書くと，d クォークが，W ボソンを吸収ないし放出して一瞬だけ u, c, t のいずれかのクォークになり，また W ボソンを吸収ないし放出して s クォークになるというものである．同じように s クォークも d クォークに変化する．中間の状態として u, c, t の 3 種類あることがキーポイントである．ここでは詳しくは述べないが，量子力学の性質により，3 種類以上のクォークが中間状態で仮想的に飛ぶと，どのクォークが飛んだかによって波の位相にずれが生じる (2 種類では，このような位相のずれは生じない)．この位相のずれ δ は，クォークと反クォークでは反対となる．

$$粒子 : \sin(E_0 t - p_0 x) \longrightarrow \sin(E_0 t - p_0 x + \delta)$$

$$反粒子 : -\sin(E_0 t + p_0 x) \longrightarrow -\sin(E_0 t + p_0 x - \delta)$$

この粒子・反粒子で反対の符号となる位相のずれのせいで，K_L 粒子の波動関数 (3.6) 中の K^0 の波と反 K^0 の波の強さにわずかな差が生じる．このため，K^0 粒子からの波と反 K^0 粒子からの波が打ち消し合わなくなってしまうのである．CP 対称性の破れを説明するために提唱されたさまざまな理論の中で，小林–益川の理論が正しいことは，後述する Belle (ベル) 実験によって確認され，小林，益川両氏はノーベル物理学賞を受賞した．

3.4　わかっていること，いないこと

現在の宇宙では，バリオン (陽子や中性子) の数の約 10^9 倍の光子が，宇宙背景輻射として存在していることがわかっている．反陽子や反中性子の数は，少なくとも陽子や中性子の 1 万分の 1 以下である．高温であった宇宙初期には，バリオンと反バリオンは生成・消滅をくりかえし，光子と同じくらいの数存在していたと予想される．その後，宇宙は次第に冷え，ビッグバンの約 100 秒後にはバリオン・反バリオンを生成するのに十分な熱エネルギーがなくなり，ただ消滅だけが起き，ほとんどのバリオン・反バリオンは姿を消した．もし，初期に生成されたバリオン・反バリオンの数が正確に等しければ，すべてのバリオン・反バリオンは消えてしまう．しかし，現在の宇宙に光子の約 10^9 分の 1 のバリオンが残っ

ているということから,ビッグバン直後 (おそらく 10^{-10} 秒後くらい) に,バリオンと反バリオンの数に 10^9 分の 1 程度の差があったと考えられる.我々の身体は, 10^{-9} すなわち 10 億分の 1 の確率で生き残ったバリオンで成り立っている.

このようにビッグバンの 10^{-10} 秒後の高温の世界でサハロフの三原則が成り立ち, 10^9 分の 1 のバリオン・反バリオンの差が生まれたと予想されているのであるが,観測された CP 対称性の破れを説明するのに成功した小林–益川の理論で予想されるバリオン・反バリオンの差では,観測値に対して 11 桁も足りない.物質優勢宇宙を作りだすためには,もっと大きな CP 対称性の破れが存在するはずである.また,バリオン数保存を破るような反応は,現代の素粒子物理学ではいまだ見つかっていない.つまり,我々は,いまだ我々の身体を構成している陽子や中性子の起源をまったく理解していないのである.

3.5 未知の CP 対称性の破れを探す —— クォークの場合

前節で述べたように,現在の物質優勢宇宙を説明するためには,小林–益川の理論では説明できない未知の CP 対称性の破れが必要である.そのような CP 対称性の破れをクォークの反応で探すために,加速器を用いた実験が行われている.ここでは,そのような試みのうち日本で行われている二つの研究について紹介する.

3.5.1 K^0 粒子の崩壊

3.3.1 節で述べた通り, K^0 粒子と反 K^0 粒子の重ね合わせである K_L 粒子では CP 対称性を破る二つの π 粒子への崩壊が見つかっている.この崩壊事象は,小林–益川の理論で見事に説明された.これに対して, K_L 粒子が π^0 粒子とニュートリノと反ニュートリノに崩壊するような事象を探す実験が行われている.小林–益川の理論によると,このような崩壊は 3×10^{10} 分の 1 の割合でしか起こらないはずであり,それよりも大きな確率でこのような崩壊が発見されれば,未知の粒子による CP 対称性の破れが起こっていると考えることができる.小林–益川理論での予想値がとても小さいため,未知の粒子を探しやすいとされている.

実験は,茨城県東海村の大強度陽子加速器施設 **J-PARC** (図 9.7 (p.162) 参照) で行われていて **KOTO** (K0 at Tokai の略) **実験**と呼ばれている.非常に稀

 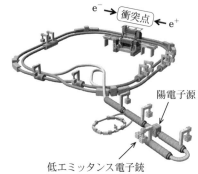

図 3.5 (左) KEKB ファクトリーのある茨城県つくば市の上空図．(右) SuperKEKB 加速器の概念図 (©高エネルギー加速器研究機構 (KEK))．

な事象を探すために，大量の K_L 粒子を作る必要がある．J-PARC は，いくつかの加速器，実験施設からなる複合施設で，大強度の陽子ビームを用いて大量の K_L 粒子を作ることができる．KOTO 実験では，K_L 粒子が π^0 粒子とニュートリノと反ニュートリノに崩壊するような事象を小林–益川理論の予想値に達する感度で探索することを目指している．

3.5.2 B^0 粒子の崩壊

K^0 粒子が d クォークと反 s クォークでできた粒子であるのに対して，d クォークと反 b クォークでできた粒子が B^0 粒子である．K^0 粒子よりも重く，寿命も約 10^{-12} 秒と短い．K^0 粒子と同じく，B^0 粒子と反 B^0 粒子の波がうねるように時々刻々入れ替わっていく．B^0 粒子を大量に作り出して，その崩壊を測定するための **Belle (ベル) 実験** が高エネルギー加速器研究機構 (KEK) の電子–陽電子衝突型加速器 **KEKB ファクトリー** で 1999 年から 2011 年まで行われていた．図 3.5 のような加速器で電子と陽電子をちょうどよいエネルギーで衝突，消滅させることで，B^0 粒子と反 B^0 粒子を作り出すのである．

B^0 粒子と反 B^0 粒子は時々刻々入れ替わる (振動する) ので，生成されてから崩壊するまでの時刻を B^0 粒子の場合と反 B^0 粒子の場合で精密に測定し比較することによって，CP 対称性の破れを測定する．図 3.6 は，B^0 (または反 B^0) 粒子が崩壊した時刻と，同時に生成された粒子が CP 対称な状態に崩壊した時刻と

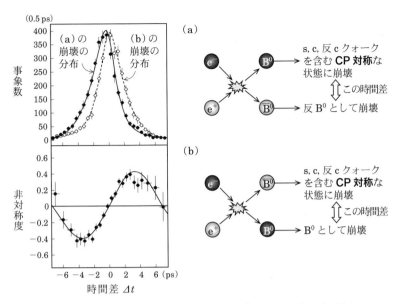

図 3.6 Belle 実験で測定された B^0 粒子と反 B^0 粒子の崩壊の差 (左図). CP 対称な状態に崩壊する頻度が時間が経つにつれて変化している. その変化が B^0 粒子と反 B^0 では異なっていて CP 対称性が破れている (左図: J. Brodzicka *et al.*, *PTEP*, 2012:04D001 (2012)).

の差を横軸として，そのような事象の起きやすさを測定したものである. B^0 粒子と反 B^0 粒子の間に違いが見られ，CP 対称性が破れている. これは，まさしく小林-益川の理論の予言通りの大きさであり，多くの理論のなかで小林-益川理論が正しいことを証明するものであった.

Belle 実験では，小林-益川理論では説明できないような事象を示唆する観測結果も得られていた. B^0 粒子が K^+ と π^- という粒子へ崩壊する確率と，反 B^0 粒子が K^- と π^+ という粒子へ崩壊する確率の差 A_0 を測定した. さらに B^0 粒子の仲間である B^+ 粒子 (u クォークと反 d クォークからできている) が K^+ と π^- という粒子へ崩壊する確率と，B^- 粒子 (反 u クォークと d クォークからできている) が K^- と π^0 粒子へ崩壊する確率の差 $A_\pm$ を測定した. CP 対称性が成り立っていれば，A_0 も $A_\pm$ も 0 となる. 小林-益川の理論では，この二つの値が一致しなければならない. しかし，測定された結果は $A_0 = 6.9\%$, $A_\pm = -4.3\%$

というものであった．この結果が正しければ，小林–益川の理論では説明できない新たな CP 対称性の破れが存在することになる．しかし，測定の誤差と比べると，まだ確実に予言値との違いがあるとは言い切れない状況である．

この違いが，本当に未知の粒子によるものなのか確認し，またその他にも小林–益川の理論では説明できないような事象を探すために，KEKB ファクトリーの 40 倍の B^0 粒子を生成することのできる **SuperKEKB 加速器計画**（図 3.5 (右)）が，2016 年開始を目指して進められている [4]．

3.6 未知の CP 対称性の破れを探す —— ニュートリノの場合

J-PARC の KOTO 実験，および SuperKEKB ファクトリーでは，CP 対称性を破る未知の反応をクォークの反応の中に探す．一方，電子やニュートリノが属するレプトンでは，まだ CP 対称性の破れは見つかっていない．実は，宇宙初期に，レプトンでまず CP 対称性の破れが起き，レプトンの数と反レプトンの数に差が生じて，この差から次にクォーク・反クォークの数の差が生じたという理論がある．そこで，ニュートリノの関わる事象で CP 対称性の破れを探す試みが進んでいる．

3.6.1 ニュートリノ —— 最も奇妙な素粒子

クォークや荷電レプトン (電子の仲間) と同じように，ニュートリノにも 3 種類あることがわかっている．電子ニュートリノ (ν_e)，ミューニュートリノ (ν_μ)，タウニュートリノ (ν_τ) である．ニュートリノは電磁相互作用や強い相互作用を感じず，弱い相互作用だけを感じる．そのためほとんど物質と相互作用せず，観測するのが非常に難しい粒子である．質量は極端に小さく，電子の 100 万分の 1 以下である．荷電 (C) 反転対称性，空間反転 (P) 対称性は，ニュートリノについて大きく破れているが，CP 対称性の破れはまだ見つかっていない．

電荷も持たず，質量も小さすぎて測定できないニュートリノの種類はどのようにして区別されるのであろうか．ニュートリノは，クォークと荷電ウィークボソンを交換することにより荷電レプトンに変わる．この際に，電子ニュートリノは電子に，ミューニュートリノはミュー粒子に，タウニュートリノはタウ粒子に変わるのである．したがって，物質と反応した後に出てきた粒子が，電子，ミュー

図 **3.7** スーパーカミオカンデ (写真提供：東京大学宇宙線研究所 神岡宇宙素粒子研究施設).

粒子，タウ粒子のいずれであるかを測定することによって，元のニュートリノの種類を知ることができる．

3.6.2 ニュートリノ異常，そしてニュートリノ振動の発見

ニュートリノは，その発見の過程や，C 対称性や P 対称性の破れの発見などによって，常に物理学者を驚かせてきた．

1960 年代には，デイビス (R. Davis) らが太陽の核融合で発生する電子ニュートリノを測定したところ，予測値の約半分しか観測されないという問題を報告した．1989 年，日本の岐阜県神岡町に建設されたニュートリノ検出器カミオカンデでも同様の結果が得られた．ここまでの実験では，本当にニュートリノが減っているのか結論づけるにはデータ数が足りなかったが，ついに 2000 年から 2001 年にかけて，カミオカンデの後継の検出器**スーパーカミオカンデ** (図 3.7) とカナダの **SNO (スノー) 実験**が，3 種類を合わせたニュートリノの総量は期待通り来ているのに，電子ニュートリノは減っているという確証を報告した．

カミオカンデでは，太陽ニュートリノの他に，陽子などからなる宇宙線が大気中で反応を起こした結果生成される電子ニュートリノとミューニュートリノの測定も行った．その結果，地球の裏側から来るミューニュートリノが予測値の約半分しかないことが示唆された．この結果は，1998 年にスーパーカミオカンデにより高い信頼度で確認された．

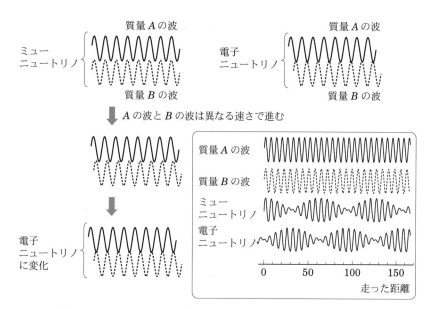

図 **3.8** ニュートリノ振動現象．ニュートリノが2種類の場合．

　これらのニュートリノの減少は，どのようにして引き起こされているのであろうか？　現在ではさまざまな観測結果をもとに，これらの減少はニュートリノ振動という現象によって引き起こされていると考えられている．ニュートリノ振動を説明するために，簡単のため電子ニュートリノとミューニュートリノの2種類だけがある場合を考える．素粒子物理学の標準理論はニュートリノには質量がないとして構築されている．しかし，ニュートリノに直接は測定できないくらいごくわずかな質量があったとしよう．2種類のニュートリノには二つの質量の値 (A, B とする) が考えられるが，もし電子ニュートリノ，ミューニュートリノが A の波と B の波の重ね合わせ状態であったらどうであろうか．ただし，図3.8 に示すように電子ニュートリノとミューニュートリノでは (位相の) 重なり方が異なる．A の波と B の波は質量が違うため，異なる速さで進む．したがってある距離走行すると，もともと電子ニュートリノであった波の重なり (位相) が変化してミューニュートリノになってしまう！　これがニュートリノ振動と呼ばれる現象であり，量子力学的な波のうなり現象である．

3.6.3 ニュートリノ振動と CP 対称性の破れ

実際にはニュートリノは3種類あるので，3種類の質量の波がいろいろな強さ，位相で混じる．すると，小林–益川のクォークについての理論と同じように，数学的にニュートリノと反ニュートリノでは符号が反対の位相のずれが入り込むことが可能になる．CP 位相と呼ばれるこのような位相のずれが存在すると，たとえばミューニュートリノが電子ニュートリノに変わる確率と，反ミューニュートリノが反電子ニュートリノに変わる確率に差が出てくるのである．つまり，CP 対称性が破れる！

では，なぜ今までニュートリノで CP 対称性の破れが見つかっていないのであろうか？ 太陽ニュートリノ，大気ニュートリノで観測されたのはニュートリノの減少である．太陽ニュートリノでは電子ニュートリノがミューニュートリノないしタウニュートリノに変わっていると考えらえている．太陽からのニュートリノの持つエネルギーでは，反応によって電子よりも重いミュー粒子やタウ粒子を作り出すことができない．そのため，単に電子ニュートリノが減ってしまっているように観測される．大気で生成されたミューニュートリノはおもにタウニュートリノに変化していると考えられている．タウ粒子はミュー粒子よりも重いので，やはりニュートリノのエネルギーが足りず，タウ粒子を作り出すことができず，ミューニュートリノの減少が観測される．

一方，CP 対称性の破れを測定するためには，変化した後のニュートリノを測定する必要がある．そのためには，ミューニュートリノが電子ニュートリノに変化する事象を測定すればよいのであるが，この振動の起きる確率が小さくて，長い間，このような事象は見つかっていなかったのである．

3.6.4 T2K 実験

このミューニュートリノが電子ニュートリノに変化する事象を見つけるために進められたのが，T2K (Tokai-to-Kamioka) 実験である．

図 3.9 にあるように 3.5.1 節にも出てきた J-PARC で大量のミューニュートリノを作り 295 km 離れたスーパーカミオカンデに向けて発射する．295 km 飛ぶ間にミューニュートリノが電子ニュートリノに変化するのを探すのである．

スーパーカミオカンデは，地下 1000 m に 5 万トンの水をタンクに貯めて作ら

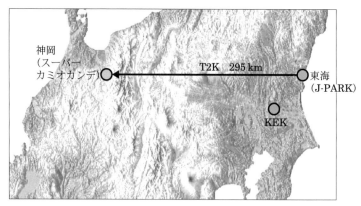

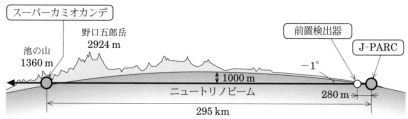

図 **3.9** T2K 実験の外観図.

れた検出器で 1996 年より稼働している．タンク壁面には，微弱な光を検出することができる光電子増倍管が約 1 万本つけられている．J-PARC からは毎秒 1 個/cm^2 のニュートリノがやってくる．そのうち，約 100 億分の 1 個がスーパーカミオカンデの水と反応する．反応で生じた電子やミュー粒子は，チェレンコフ光という微弱な光を発するのであるが，その発生の様子を光電子増倍管で精密に測定することにより電子とミュー粒子を識別することができる．このようにして，J-PARC で生成されたニュートリノの中に電子ニュートリノが混じっていないか探索するのである．

2013 年 7 月，T2K 実験は，J-PARC で生成されたミューニュートリノのうち振動が最大になるようなエネルギーのものについては，約 5% が電子ニュートリノに変化しているという結果を報告した．図 3.10 は，観測された電子ニュートリノのエネルギー分布である [2]．この振動の発見によって，レプトンにおける CP 対称性の破れの測定への道が開けた．この振動確率をニュートリノの場合と

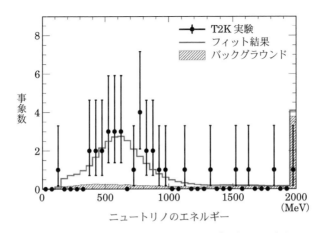

図 3.10 T2K 実験においてスーパーカミオカンデで観測された電子ニュートリノ事象のエネルギー分布．ヒストグラムは，ミューニュートリノから電子ニュートリノへの最大振動確率が 5%の場合に予想される分布 (K. Abe *et al.*, *Phys. Rev. Lett.*, 112:061802 (2014))．

反ニュートリノの場合で比べればよいのである．またこの振動確率を，原子炉からの反電子ニュートリノで 2012 年に測定された消滅の振動確率と比べることで CP 位相を求めることも可能である．CP 位相が 0° または 180° では，CP 対称性が保存している．これに対して，CP 位相が 90° ないし −90° では CP 対称性が最大限に破れている．まだ，データ数が少なく精度は十分ではないが，T2K 実験の結果は CP 位相が −90° のあたりである可能性を示唆している．T2K 実験では，今後測定を続け，感度を上げて CP 対称性の破れを探索する [5]．

3.7 バリオン数またはレプトン数の破れ

ここまで CP 対称性の破れに関する現状について述べたが，サハロフの三原則の条件「バリオン数またはレプトン数を破る相互作用」についてはまったく見つかっていない．このような相互作用を見つけるのに有力な候補である「陽子崩壊」について述べる．**陽子崩壊**は，電磁相互作用，弱い相互作用，強い相互作用を統合する試みである大統一理論で予想される現象で，物質を構成する「安定な」粒子である陽子がごく稀に π^0 粒子や K^0 粒子とレプトンに崩壊するという

ものである．π^0 粒子や K^0 粒子はクォークと反クォークでできているためバリオン数は 0 である．したがって，陽子が持っていたバリオン数が保存しない反応である．大統一理論では，宇宙初期の高いエネルギーの世界では一つであった相互作用が，宇宙が冷えるに従い，電磁相互作用，弱い相互作用，強い相互作用に分岐していったと考える．またクォークとレプトンも，もともとは一つの粒子の異なる状態であると考える．標準理論において，電子と電子ニュートリノは一つの粒子の異なる状態であり，荷電ウィークボゾン W を吸収・放出することでその状態が変わるとしていたのと同じことである．したがって，大統一理論でも，ある未知の粒子を吸収・放出することによってクォークがレプトンに変わることを予言する．陽子の中のクォークがレプトンに変化すると陽子崩壊が起きる．最初に提唱された最も単純な**大統一理論**では，陽子の寿命は約 10^{30} 年と予言された．しかし，カミオカンデ，スーパーカミオカンデで，水中の陽子が崩壊する事象を探索した結果，そのような事象は観測されず，陽子の寿命は 10^{34} 年以上であることがわかっている．つまり，大統一理論はいまだ確立していない．

大統一理論は，素粒子がなぜ図 2.3 (p.26) のようなパターンを持っているのかについて答えてくれる可能性を持っている．大統一理論を確立するためには，陽子の寿命をもっと長い範囲で測定する必要がある．このため，スーパーカミオカンデをさらに 20 倍大きくしたハイパーカミオカンデ計画が提唱されている．ハイパーカミオカンデでは，J-PARC からのニュートリノを測定して，T2K 実験よりも高い感度で CP 対称性の破れを検証することも可能である．

陽子崩壊の他にも，レプトン数保存を破る相互作用の探索も行われている．原子核のベータ崩壊では，電子 (レプトン数 1) と反ニュートリノ (レプトン数 −1) が放出され，レプトン数の保存が成り立っている．これに対して，電子 2 個を放出しニュートリノは放出しない**二重ベータ崩壊**というものを探す実験が世界中で進められている．日本では，岐阜県飛騨市神岡で，カミオカンデ検出器の跡地につくられたカムランド検出器で探索が行われている．

3.8 まとめ

この宇宙で，反物質は消えて物質だけが残り，我々が存在している．これは，現代科学で未解決の大きな謎である．このような物質優勢宇宙を説明するために

は，CP 対称性とバリオン数やレプトン数の保存を破る未知の相互作用が必要である．さらに詳しい解説書としては，小林–益川理論の提唱者の一人である小林誠氏による文献 [3] がある．

　J-PARC, Super KEKB ファクトリー，スーパーカミオカンデ，カムランドなど，日本はこの分野で世界をリードしている．我々が，どのようにして存在しているのか，その答えを見つけることは簡単ではないが，現代科学で理解できない大きな謎があるということは，人類がもっと深く自然や宇宙を知る可能性があるということでもある．

参考文献

[1] J. Brodzicka *et al.*, *PTEP*, 2012:04D001 (2012).
[2] K. Abe *et al.*, *Phys. Rev. Lett.*, 112:061802 (2014).
[3] 小林 誠著『消えた反物質——素粒子物理が解く宇宙進化の謎』，講談社 (1997).
[4] http://belle2pb.kek.jp
[5] http://t2k-experiment.org/ja/

[第4章]

クォークの熱いスープから原子核へ
4兆度の初期宇宙の再現

平野哲文

4.1 はじめに

「宇宙の始まりはしずく？「クォークは液体」と発表」[1]．2005年4月19日に何やら不思議な見出しが世界中のニュースサイトに現れた．クォークという素粒子単体を指す言葉と，液体という大量の粒子の集まりの振る舞いを指す言葉のつながりに違和感を覚える人も多いのではないだろうか？ 実は，クォークやグルーオンが集まってできる物質「**クォーク・グルーオン・プラズマ** (quark gluon plasma)」が水のようにさらさら流れるという発見のプレスリリースに基づくニュース配信であった．

この章では，このクォーク・グルーオン・プラズマの基本的性質，初期宇宙との関わり，実験的生成と物性について解説をしていく．

4.2 クォークの性質とクォーク・グルーオン・プラズマ

4.2.1 クォークの性質

現代の素粒子物理学では，すべての物質は基本的な構成要素である物質粒子 (クォークやレプトンとその反粒子)，力を媒介する粒子 (ゲージボゾン)，および，質量を与える粒子 (ヒッグス粒子) から成り立っているとする (第2章参照)．素粒子標準理論では，力を媒介するゲージボゾンには3種類あり，電磁的な相互作用を媒介する光子，強い相互作用を媒介するグルーオン，弱い相互作用を媒介す

---

[1] http://archive.today/lz3C1

るウィークボソンがある．本章の主役は強い相互作用をするクォークとグルーオンである．

　身近な粒子である電子は電荷を持っている．電磁的な相互作用は，電荷を持つ粒子の間で光子のやり取りをして力を伝達する．この考えの類推として，クォークが持つ**色荷**を考えてみよう．電荷は 1 種類で，その値が正や負で特徴付けることができた．一方，色荷は 3 種類あり，ここではそれを色の 3 原色になぞらえて赤，緑，青と呼ぶ．たとえば，赤の +1 や青の -1 というように，それぞれの"色"に対して正負を考えることができる．色の 3 原色にたとえたのには理由がある．よく知られているように，赤，緑，青を重ねると色が打ち消し合い白色になる．実はクォークやグルーオンのような色荷を持つ粒子は，自然界に単体で存在することはなく，常に"白色"を作る組み合わせで存在している．このことを**色 (カラー) の閉じ込め**と呼んでいる．たとえば，陽子はクォーク三つでできていると言われるが，この三つのクォークはそれぞれ赤，緑，青の色荷をそれぞれ +1 ずつ持っている．

　それでは白色になる組み合わせはこれだけであろうか？ 実は色には補色があり，赤，緑，青の補色はそれぞれシアン，マゼンタ，黄と知られている．色荷の概念で言えば，シアンは赤の -1，マゼンタは緑の -1，黄は青の -1 ということができる．これらの補色をもつのがクォークの反粒子，すなわち反クォークである．白色は，3 原色のそれぞれに対応する補色を重ねることでも作ることができる．そこで電荷 +1 と -1 を合わせると電気的に中性になったように，赤の +1 と -1 を合わせることでも「白色」にすることができる．いわゆる中間子がこれに相当し，クォークと反クォークの組み合わせから成る．なお，陽子や中性子のようにクォーク三つから成る粒子[2]を**バリオン**，クォーク一つと反クォーク一つから成る粒子を**メソン**，それらを総称して**ハドロン**と呼ぶ．

4.2.2　クォーク・グルーオン・プラズマ

　クォークは単体で存在できず，常に白色となるパートナー (上で述べたように 1 個とは限らない) と一緒にいる，いわば "寂しがり屋" の粒子である．一方，お

---

[2] 正確には正味三つであれば良いので，反クォークの数は負で数えることで，クォーク四つと反クォーク一つから成る粒子もバリオンといえる．メソンについても同様．

互いが寂しがり屋でも，たくさん集まってパーティーを開けば世の中楽しいものである．ただし，このときでも白色となるのを忘れてはいけない．やや大胆なたとえかもしれないが，このようにクォークやそれを結びつけるグルーオンがたくさん集まった状態を**クォーク・グルーオン・プラズマ**と呼ぶ．プラズマとは，通常お互い束縛されているものがバラバラになった状態を指す．電磁気的な相互作用の例では，正電荷を持つ原子核が作るクーロン場に負電荷を持つ電子が束縛されて原子を作っているが，外部から熱やエネルギーを与えるとそれぞれ電子とイオンのバラバラの状態になる．クォーク・グルーオン・プラズマは，この強い相互作用版と理解しても良い．つまり，ハドロンの中に閉じ込められていたクォークとグルーオンがバラバラになった状態である．しかし，並大抵の方法ではこのような状態を作ることはできない．理論的には，物質を熱して約 2 兆度で現れると予言されている．太陽の表面温度は約 6000 度，中心でも約 1500 万度であるから，そのような極限状態でもまだ温度が足りない．それではこのような超高温状態はどこにあるだろうか？

4.3 初期宇宙におけるクォーク・グルーオン・プラズマ

4.3.1 宇宙膨張の方程式

第 1 章でも触れられているように，我々の宇宙はビッグバンと呼ばれる大爆発によって開闢した．ビッグバン直後の宇宙は超高温の火の玉であった．この時期には宇宙全体がクォーク・グルーオン・プラズマが存在できるほど高温であったと考えられている．ただし，その存在していた時間は開闢から約 10 マイクロ秒後までである．宇宙はその後，膨張とともに冷えていき，物質形態を変えながら 138 億年経って現在の宇宙の姿になった．クォーク・グルーオン・プラズマが冷えて希薄になるにつれて，クォークはハドロンとして束縛される．その後，さらに陽子や中性子が結合して，軽い原子核が形成される[3]．

このクォーク・グルーオン・プラズマが存在する時期の宇宙の時間発展をもう少し詳しく見て行こう．この時期の宇宙の膨張は次の三つの方程式を用いて記述することができる．

---

[3] 重い元素の生成については第 5 章を参照のこと．

$$\left(\frac{\dot{a}}{a}\right)^2 = \frac{8\pi G}{3}\varepsilon, \tag{4.1}$$

$$\frac{d\varepsilon}{da} = -\frac{3(\varepsilon+P)}{a}, \tag{4.2}$$

$$P = P(\varepsilon). \tag{4.3}$$

ここで a はスケール因子, G は万有引力定数, ε はエネルギー密度, P は圧力である. 宇宙の膨張の度合いを表す**ハッブルパラメータ** H は $\dot{a}/a$ で表される.

以下では, まず始めにこれらの方程式とその意味を考えていこう.

式 (4.1) は, アインシュタイン方程式に対して, 一様等方な膨張の計量 (ロバートソン–ウォーカー計量) を仮定することで得られ, **フリードマン方程式**と呼ばれている. ただし, すべての物質がバラバラでいわゆる放射優勢期にあたるので, 空間の曲率の効果を無視している [1]. a は, いわば空間の長さのスケールを与える無次元パラメータであり, a が時間とともに増えていけば, 空間が膨張していることを意味する. 実際, 式 (4.1) の右辺が正であることにより, a の時間微分 $\dot{a}$ も正で, 空間が膨張していることを表している. 同時に, 時間とともに単調に増加していることがわかる.

式 (4.2) は, エネルギー密度 ε の時間発展を表す**バランス方程式**である. 実際, a が時間とともに単調増加することから左辺の a での微分は時間微分のようなものである. 右辺を見てみると, エネルギー密度 ε, 圧力 P, スケール因子 a はすべて正の量であるから, 右辺は常に負となることがわかる. すなわち, エネルギー密度の時間微分が常に負であると解釈できる. 物理的には, 空間の膨張により, 内部エネルギーが薄まり, さらに体積膨張に伴い圧力が仕事をした (熱力学第1法則) と解釈することができる. エネルギー密度が時間とともに減少していくことから, 式 (4.1) の右辺も同時に減少していく. すなわち, $\dot{a}$ も減少することから, この時期の宇宙は減速膨張をしている.

この時点では, 空間の内部をどのような物質が占めているかという情報は何もない. その物質自身の情報は式 (4.3) の**状態方程式**, すなわちエネルギー密度 ε の関数としての圧力 P を通して取り込まれる. 未知変数の数が a, ε, P という三つあるのに対して, 方程式の数は3本あり, 適当な初期条件を与えることによって解くことができる.

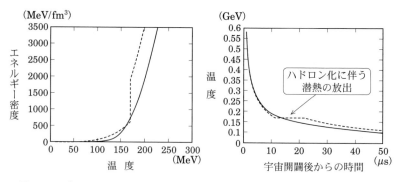

図 4.1 (左) クォーク・グルーオン・プラズマとハドロンガスの状態方程式. (右) クォーク・グルーオン・プラズマが存在していた時代の初期宇宙における温度の時間発展. 破線は理想気体の場合, 実線は大規模数値計算の結果.

4.3.2 理論計算による結果

まず, 状態方程式を求めてから, 式 (4.1)〜(4.3) を使って, 初期宇宙の温度変化を計算する.

図 4.1 (左) はクォーク・グルーオン・プラズマとそれらが閉じ込められたハドロンガスの状態方程式を表す. **破線**は相対論的な理想気体を用いた場合, **実線**は最新の大規模数値計算の結果を表す.

理想気体とは, 熱力学量の計算において, 粒子間の相互作用を無視する理想化された描像である. この仮定をすることによって複雑な計算が大幅に簡単化される. この場合, 170 MeV (約 2 兆度) でクォーク・グルーオン・プラズマとハドロンガスの間で 1 次相転移を起こすようにモデル化されている. 具体的には, この温度において二つの相の圧力が等しく (2 相間の熱平衡と力学的平衡) なるようにバッグ定数という真空の負の圧力を調整する. このバッグ定数は真空のエネルギー密度も表しており, 宇宙論に現れるダークエネルギーと定性的には同様の効果を与える. 統計力学における黒体輻射の問題で現れるステファン–ボルツマンの法則を思い出してもらうと, 考えている放射気体のエネルギー密度は系を構

成する自由度と温度の 4 乗に比例する [4]. 黒体輻射の問題の場合, 光が横波であるので独立な振動面が二つあり自由度 2 である, と勘定する. 同様にクォーク・グルーオン・プラズマの場合, 考えている温度 (約 $100\,\mathrm{MeV}$) と比べて十分軽いとみなせる粒子として [5], クォーク (u, d), グルーオン (g), 電子 (e), ミュー粒子 (μ), 電子ニュートリノ (ν_e), ミューニュートリノ (ν_μ), タウニュートリノ (ν_τ), 光子 (γ) と, 反粒子がいる場合にはそれらも含めると自由度は 51.25 となる [6].

一方, クォークやグルーオンが閉じ込められた相としてクォーク (u, d) とグルーオン (g) の代わりに π 中間子を考えるとハドロンガスの自由度は 17.25 となる. この違いはおもにカラー (色荷) の自由度が見えるか見えないかによる. このため, ハドロン側から見た場合, クォーク・グルーオン・プラズマは, ハドロン内部に閉じ込められていたカラーの自由度の解放によって現れたと解釈することができる.

しかし, 強い相互作用をするクォークやグルーオンに対して相互作用を無視する理想気体近似が果たして良いのだろうか？ 実は, 強い相互作用とはいえ, その基本理論である**量子色力学**には**漸近的自由性**という性質がある. この性質は, 相互作用のエネルギーのスケールが大きくなるにつれて, 徐々に結合 "定数" が小さくなる, すなわち相互作用が弱くなることを表している. 実際, 1990 年代後半までは, クォーク・グルーオン・プラズマは漸近的自由性の帰結として現れ, そのときのクォークやグルーオン間の相互作用は十分弱いものだと信じられていた. クォーク・グルーオン・プラズマができ始める $170\,\mathrm{MeV}$ くらいの温度は

---

[4] プランク定数 $\hbar$, 光速度 c, ボルツマン定数 k_B をすべて 1 にとる (拡張された) 自然単位系 ($\hbar=c=k_\mathrm{B}=1$) を使うと, 長さはエネルギーの逆数の次元になる. このとき, エネルギー密度は単位体積あたりのエネルギーなので, エネルギーの 4 乗の次元を持つことがわかる. 質量ゼロの粒子の場合には, エネルギーの次元を持つ物理量は温度だけとなり, このような次元解析からも, エネルギー密度が温度の 4 乗に比例することがわかる.

[5] この温度に比べて重い粒子は熱的に励起されないので, 熱力学量の計算には効かない. 自然単位系では, 温度や質量もすべてエネルギーの単位で記述できるのでこのような比較がやり易い.

[6] 光子のエネルギー密度と同様の計算をフェルミオンである物質粒子に対して行うと, 量子統計の違いにより相対的に $\frac{7}{8}$ の因子が現れる. この因子を自由度に繰り込んでいるために一見整数しか取り得ない自由度に小数が出てくる.

果たして弱結合が正当化されるくらい十分高温なのだろうか？ いずれにせよ，クォークとグルーオンの力学である量子色力学から直接状態方程式を出すことが可能であればそれに越したことはない．量子色力学の理論計算によるクォーク・グルーオン・プラズマの状態方程式は長年計算されてきた．近年のコンピュータの性能と計算手法の著しい発展のおかげで，ようやく現実的な状態方程式を得ることができるようになった．

図 4.1 (左) の実線が，この理論計算に基づくエネルギー密度 (ε) の温度 (T) 依存性を示したものである [2]．ただし，クォークやグルーオンに対する量子色力学の理論計算に含まれないレプトンや光子などの寄与は方程式を解く際に理想気体として足し，ここには含まれていない．理想気体の 1 次相転移ほど急激ではないが，温度の上昇とともに連続的な立ち上がりを見せている．状態方程式に跳びがない (クロスオーバー) という意味では相転移ではないものの[7] 急激な立ち上がりはカラー自由度の解放と解釈できる．なお，圧力 P も温度 T の関数として求まり，媒介変数としての温度 T を消去すれば，エネルギー密度の関数としての圧力 $P(\varepsilon)$，すなわち状態方程式も求まる．

このそれぞれの状態方程式に基づき，連立 (微分) 方程式 (4.1)〜(4.3) を解くことで，宇宙初期における温度の時間発展を記述することができる．理想気体の場合は，解析的に解を求めることができる [3]．一方，現実的な状態方程式の場合は，数値的に解を求めることになる [4]．図 4.1 (右) はクォーク・グルーオン・プラズマが存在していた時期の初期宇宙における温度の時間発展を表している．開闢から約 10 マイクロ秒後までクォーク・グルーオン・プラズマが宇宙を満たしていたことがわかる．理想気体の状態方程式を仮定した場合は，膨張しているにも関わらず潜熱の放出によって一時的に温度が一定となるが，相転移が終わると今度はハドロンガスとして冷却を始める．一方，現実的な状態方程式ではこのような振る舞いは見られず，温度が単調に減少する．

---

[7] より正確には，秩序変数となり得るクォーク凝縮と呼ばれる量も連続的に変化しその微分も発散していない．

4.4　クォーク・グルーオン・プラズマの実験的生成とその性質

4.4.1　高エネルギー原子核衝突反応

　クォーク・グルーオン・プラズマの物理の興味深いところは，第 2 章で述べられているような加速器実験を用いて地球上でこの宇宙の始まりの状態に迫ることができる点にある．加速器実験の大きな目的の一つはヒッグス粒子や標準理論を超えた新粒子の発見である．実のところ，衝突実験を行うとヒッグス粒子などの新粒子ができる確率は非常に小さく[8]，新粒子探索をする研究者にとってはほとんどの衝突反応が大量のゴミの山かもしれない．一方で，ゴミの山を宝の山と考える研究者もいる．正の電荷を持った陽子や原子核を光速の 99% 以上まで加速し，互いに正面衝突させてクォーク・グルーオン・プラズマを作ろうとするユニークな試みである．基本的なアイデアは簡単である．エネルギーはいろいろな形に転化できるのはご存知であろう．ここでは，加速された陽子や原子核の運動エネルギーを，衝突によって熱エネルギーに転化させ，そこに前節で述べた超高温の状態を作るというものである．物質である以上，より大きなサイズのクォーク・グルーオン・プラズマを作るためには，大きい，すなわち重い原子核が用いられる．

　加速器を用いたクォーク・グルーオン・プラズマの探索は長年続けられてきたが，今世紀に入ってアメリカのニューヨーク州郊外，ブルックヘブン国立研究所の**相対論的重イオン衝突型加速器** (relativistic heavy ion collider，略して **RHIC**，「リック」と発音) が稼働すると興味深い実験データが多く出始め，そのおかげでクォーク・グルーオン・プラズマの物理がより成熟した時代に突入した．まさに新時代の幕開けに相応しいイベントであった．この加速器ではおもに，金の原子核 (質量数 197) を核子 1 個あたり 100 GeV (速度にして光速の 99.9956%) まで加速し，衝突反応によって生成されたさまざまな粒子の分布を測定した．また，2010 年から本格稼働した CERN の **LHC** でも，鉛の原子核 (質量数 208) を核子 1 個あたり 1.38 TeV (光速の 99.99998%) で加速し，衝突反応を通して興味深い実験データが得られつつある．参考までに，このあとで議論する**相対論的流体**

---

[8] 大雑把には，ヒッグス粒子は 10^{11} 回の衝突に 1 回くらいしか作られないと見積もられている．

力学に基づく衝突の様子のコンピュータシミュレーションが YouTube で観られる[9]．

複雑な衝突反応の様子をかいつまんで見ていこう．衝突反応全体は，時間順に(1) 衝突前，(2) 熱平衡化，(3) クォーク・グルーオン・プラズマ流体，(4) ハドロンガスの四つのステージに大きく分けられる．

衝突前の原子核は，その速度が光速に近い．そのために相対論的効果によって，球形の原子核といえど進行方向につぶれた薄いパンケーキのように収縮して見える．つまり，超高エネルギーに加速された原子核同士の衝突は"パンケーキ"同士の衝突のようにみなせる．もちろん，原子核が実際に収縮しているわけではなくてその衝突を重心系 (衝突型加速器の場合には実験室系も同じになる) で見ていることによる特殊相対論的な見かけの効果である．量子力学のド・ブロイの関係式 ($p=\hbar k=h/\lambda$) によれば，大きな運動量 p を持つ粒子の波長 λ は非常に短く，衝突する原子核のお互いの小さい構造まで見えてくる．そのとき，原子核は陽子や中性子の集まりというよりはむしろ，下部構造であるクォークやグルーオンの集まりに見える．言い換えれば，高エネルギー原子核衝突は，クォークやグルーオンの塊同士の衝突とみなすことができる．4.2.1 節で陽子や中性子はクォーク三つで成り立っていると説明したが，高エネルギーに加速するとこれらのクォークがグルーオンを雪崩式に放出し，より正確にはグルーオンの塊とみなすことができる．

このグルーオンの塊同士の衝突からクォーク・グルーオン・プラズマが生成される．この生成メカニズムはまだ詳しくわかっておらず，この分野におけるホットトピックの一つであるが，この章では詳細には立ち入らないことにする．

いったん作られたクォーク・グルーオン・プラズマは衝突の勢いのため，衝突軸方向に引き伸ばされるように強く膨張する．それに比べて弱いものの，衝突軸に垂直な方向にも膨張をする．この 3 次元的膨張によって，クォーク・グルーオン・プラズマは急激に冷却される．図 4.2 の灰色の領域がクォーク・グルーオン・プラズマとして膨張している部分であるが，重心系から見て光円錐に近いところでは空間座標の原点から急速に遠ざかっており，特殊相対論的な時間の遅れの効果によってゆっくり冷える (ように見える)．

---

[9] http://youtu.be/p8_2TczsxjM

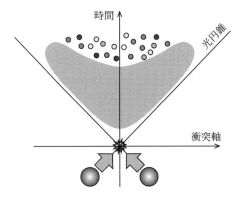

図 4.2　高エネルギー原子核衝突反応の概略図. 灰色が, クォーク・グルーオン・プラズマ. 小さい円の集まりはハドロンガス.

　その後, 約2兆度を下回ると再びハドロンに閉じ込められ, ハドロンガスとして振る舞う. 4.3節でも述べたように, この転移は相転移のような急激な相の変化ではなく, 連続的に起こる. ハドロンガスも膨張により温度が下がり, 希薄になってハドロンが互いに相互作用する頻度が下がり, それ以上平衡を保てなくなる. 初期宇宙における光子の晴れ上がりと同様の概念で, 原子核衝突では, いわばハドロンの晴れ上がりとでも言えよう. ここまでの時間スケールは衝突からだいたい 10^{-22} 秒という一瞬のことである[10]. その後, 相互作用が完全に切れた粒子は検出器によってその運動量が検出される.

　"素粒子物性論" としてのクォーク・グルーオン・プラズマの研究といえど直接その物質に探針を入れて研究できるわけではないし, 温度をコントロールできるわけでもない. ここに, 原子核衝突反応という手段を用いたクォーク・グルーオン・プラズマ研究の難しさがある. 実験側でコントロールできるのはせいぜい衝突させるエネルギーと, 原子核の種類の選択である. そのため, 衝突エネルギーを変化させたとき, また, 衝突させる原子核を変えたときの測定量の傾向を見る

[10) 我々の時間スケールからは一瞬かもしれないが, 強い相互作用をする素粒子固有のタイムスケールからすれば複雑なダイナミクスを経るのに十分な時間と言える. なお, この "晴れ上がり (脱結合)" は系の膨張のタイムスケールと, 系を構成する相互作用のタイムスケールのせめぎあいによって起こる. もし, 熱力学の教科書に出てくるような「準静的過程」でゆっくりと膨張・冷却をしていけば, 熱平衡を保ったままもっと低い温度までいくこともできるであろう.

ことは重要な手段である．なお，当たり具合(衝突径数)もコントロールできるわけではないが，衝突事象の分類をうまくすることによって，かすった衝突，正面衝突などを選ぶことは可能である．たとえば，正面衝突をすれば，生成された粒子が多く，衝突に関与せずに衝突軸方向に抜けていく核子が少ない，という特徴があるため，それらをもとに測定された事象を定量的に分類することができる．

4.4.2 相対論的流体力学

　実際の現象を解析する上で重要な枠組みとなるのが**相対論的流体力学**である．高エネルギー原子核衝突の物理で興味のある対象は熱平衡状態にあるクォーク・グルーオン・プラズマである．一方，この反応で作られたクォーク・グルーオン・プラズマはせいぜい局所的にしか熱平衡に達することができず，時々刻々，その状態も変化していく．つまり，熱力学量の時空発展を記述する枠組みが必要不可欠であり，それこそが流体力学である．流体力学は局所熱平衡を前提に，エネルギーと運動量の保存則を表現している．

　相対論的流体力学でも，通常の流体力学同様に流体の加速度は圧力の勾配によってひきおこされる．

$$(\varepsilon+P)\frac{Du}{Dt}=-\frac{DP}{Dx} \tag{4.4}$$

ここで ε はエネルギー密度，P は圧力，u は流速を表す．また，時間微分 (D/Dt)，空間微分 (D/Dx) ともに，流速に乗っかった系における微分 (時間微分は特にラグランジュ微分や物質微分と呼ばれる) を表す．この式を見るとニュートンの運動方程式との類推から，エンタルピー密度 ($\varepsilon+P$) は流体素片の慣性，圧力の空間分布 $P(x)$ はポテンシャルとみなすことができる．

　高エネルギー原子核衝突反応では，衝突軸に垂直な方向の流速は (衝突の勢いをそのまま背負う衝突軸方向の流速と異なり) この圧力勾配によっておもに作られる．そのため，垂直方向の流速に関わる物理量は状態方程式や平衡の度合いと密接に関わっており，以下でも重要な役割を果たす．

4.4.3 楕円型フロー

　衝突軸に垂直な平面 (以下では横平面と呼ぶ) 上で考えると，原子核の重なった部分が衝突に関与し，クォーク・グルーオン・プラズマになると期待できる．仮

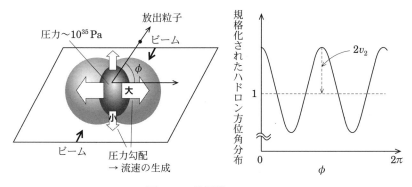

図 4.3 楕円型フロー.

に衝突直後にクォーク・グルーオン・プラズマが生成されたとすると，中心付近の圧力は 10^{35} Pa ととてつもなく大きな値に達する．一方，その周りは真空 (すなわち圧力はゼロ) なので，非常に大きな圧力勾配が生まれる．4.4.2 節で述べたように圧力勾配は流速の駆動力である．そのため，クォーク・グルーオン・プラズマは真空に向かって激しく膨張を行う．

　球形の原子核が正面衝突を起こした場合，生成されたクォーク・グルーオン・プラズマの形状は横平面上で円形をしている．結果として，クォーク・グルーオン・プラズマは放射状に膨張する．一方で，図 4.3 (左) のように衝突径数 (衝突する二つの原子核の中心間距離) が衝突する原子核の半径程度の事象を考えてみよう．このとき横平面では，衝突する二つの原子核の重なった部分がお互いをえぐりとり，生成されたクォーク・グルーオン・プラズマが楕円のような形となる (図 4.3, 濃い灰色)．圧力勾配の観点からすると，楕円の短軸方向は長軸方向に比べ急勾配になっているので，膨張の度合いが方向に依存する．短軸方向には強く，長軸方向にはそれに比べて弱く膨張することから，**楕円型フロー**と呼ばれている [5]．測定されるハドロンの方位角分布は図 4.3 (右) のようにちょうど $\cos(2\phi)$ のような形になることが期待され，その振幅 v_2 は，まさに楕円型フローの強度を反映している．

　楕円型フローの特徴としては，形状の歪み具合に比例，状態方程式や輸送係数，平衡の度合いに敏感，などが挙げられる．クォーク・グルーオン・プラズマの形状は楕円の離心率 ε_2 で定量化できる．したがって，$v_2 \approx c\varepsilon_2$ という線形応

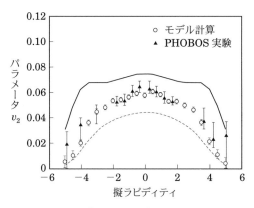

図 **4.4** 楕円型フローの擬ラピディティ依存性 (T. Hirano *et al.*, *Phys. Lett. B*, **636** (2006) 299 [nucl-th/0511046]).

答の関係が成り立つ．この比例係数が系の熱平衡の度合い，さらには，ずれ粘性といった輸送係数に依存する．このような性質のために，楕円型フローのパラメータ v_2 は重要な物理量となる．

図 4.4 は楕円型フローのパラメータ v_2 の**擬ラピディティ依存性**を表している．擬ラピディティとは，測定された荷電粒子が持つ衝突軸方向の相対論的速度を表す．この値が 0 ということは重心系では衝突軸方向の速度を持っていない，すなわち，衝突軸に対して垂直方向に放出されたことを意味する．▲印が PHOBOS 実験によって得られた結果 [6]，○印がモデル計算の結果を表す．このモデル計算では，クォーク・グルーオン・プラズマは完全流体，ハドロンは運動学的記述に基づくガスという描像に基づいている．一方，実線はクォーク・グルーオン・プラズマ，ハドロンともに完全流体とみなした結果，破線は完全流体としてのクォーク・グルーオン・プラズマの時空発展が終わった時点での結果を表している．この図から読み取れることは，実験結果は擬ラピディティがゼロ付近で最大となり，そこから離れるにつれて減少していく．その実験結果をよく再現するモデル計算の描像から，クォーク・グルーオン・プラズマは完全流体として振る舞うもののハドロンは流体というよりは，ガス的に振る舞うということである．流体的な振る舞いでは，構成要素間の平均自由行程が系の特徴的な長さに比べて十分小さい場合に相当し，ガス的な振る舞いでは，その逆の極限と考えてよい．

もし，ハドロンも完全流体とみなすと実験結果を大きく上回ってしまう．また，クォーク・グルーオン・プラズマの膨張だけでは足りない．まさに，4.4.1 節で述べたような描像で実験結果を定量的に再現することができ，**クォーク・グルーオン・プラズマの完全流体的振る舞い**が確立した．この章の始めに述べたプレスリリースに至ったわけである．

ある物質が完全流体的に振る舞う事実が，なぜそれほどまでに強調されたのか？　たとえば，水の流れも (壁面と接している部分を除けば) 粘性を無視した完全流体的描像でおおむね記述することができる．一方，高エネルギー原子核衝突反応におけるクォーク・グルーオン・プラズマの場合に忘れていけないのはその膨張率である．クォーク・グルーオン・プラズマのダイナミクスは素粒子のタイムスケールで起こっているが，あえて身近なスケールに直すと，その膨張率は毎秒 10^{23} に及ぶ．すなわち，1 秒間に体積が 10^{23} 倍にもなる爆発的な膨張の割合である．仮に水のような身近な流体をそれほど大きな割合で強制的に膨張させたら，あっという間に平衡を保つことができなくなり流体としての性質は失われるであろう．クォーク・グルーオン・プラズマは，その構成要素であるクォークやグルーオンがきわめて強く相互作用していることによって，急激な膨張に耐えうる流体として振る舞っていたのである．

4.4.4　クォーク・グルーオン・プラズマの煌めき

クォーク・グルーオン・プラズマ研究は高温物理の最前線でもある．では，この章のサブタイトルにもあるように，4 兆度という温度はどのようにして測ったか？　太陽のような高温の温度を測るには，そこから放射される光のスペクトルを測り，理論式との比較から温度を導出する．ただし太陽の場合との大きな違いは，高エネルギー原子核衝突反応で生成されるクォーク・グルーオン・プラズマはほんの一瞬しか存在しておらず，おまけにその短い時間の中でも時々刻々その温度が変化している．そのため，測定された光のスペクトルは平均化された温度を反映していると考えられる．

RHIC の PHENIX 実験で得られたスペクトルの傾きから温度を約 221 MeV (約 3 兆度) と推定することができる [7]．同様の解析を LHC の衝突エネルギーについても行うと，まだ最終結果ではないものの **ALICE 実験**では約 304 MeV

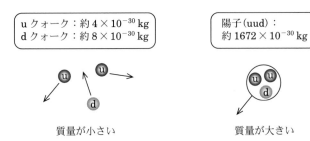

図 4.5 陽子質量の謎.

(約 4 兆度) と得られている [8]. いずれもクォーク・グルーオン・プラズマが生成されるのに十分な温度であり, これが先に述べた意味での平均温度ならば, 実際にはもっと高い温度まで達したと考えられている. ちなみに, これらの温度は人工的に作られた最も高い温度としてギネス世界記録に認定されている[11].

4.5 質量の謎は解けたか？

話は少々変わり, 我々の質量の起源とクォーク・グルーオン・プラズマの関連について触れておく. 第 2 章に触れられているように, 素粒子の質量獲得機構に関わる粒子はヒッグス粒子であり, 近年, LHC 加速器で発見された. ノーベル賞がアングレールとヒッグス両氏に与えられたのはまだ記憶に新しい (第 2 章参照). 素粒子質量の源であるヒッグス場は対称性の自発的破れに伴い有限の真空期待値を持つ. しばしば「真空は空っぽではない」と言われる理由はここにある. 普遍的なヒッグス場の真空期待値とヒッグス場に対する素粒子固有の相互作用の強さの積が素粒子の質量であるというのが現代的な理解である.

u クォークと d クォークの質量はそれぞれ約 4×10^{-30} kg, 8×10^{-30} kg となるが, 一方, u クォーク二つ, d クォーク一つでできている陽子の質量は, 比較のために桁を揃えると 1672×10^{-30} kg となる (図 4.5). クォークの質量のみでは陽子の質量の 1% しか説明できないことがわかる. ところで, 我々の身近な物質の質量は, どれだけの個数の原子を持っているかで決まる. 原子の質量のほと

---

[11] http://www.guinnessworldrecords.com/world-records/highest-man-made-temperature

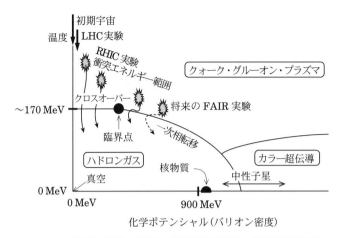

図 4.6 クォーク物質の相図 (滝川 昇『原子核物理学』, 現代物理学基礎シリーズ, 朝倉書店 (2013) より).

んどは原子核の質量であり, 原子核の質量は, 陽子や中性子といった核子を何個持っているかでほぼ決まる. すなわち, まずは陽子などの核子の質量を理解して初めて身近な (巨視的) 物質の質量を理解できたことになる. 言い換えれば, ヒッグス粒子の発見をもってすべての質量の謎が解明できたわけではない.

実は我々の真空はヒッグス場以外にも真空期待値を持っている. クォークと反クォークの複合場が真空期待値を持つことによって, 核子の質量を生んでいる. まだクォークの概念もない時代に質量のダイナミクスを説明しようとした南部理論の現代版と言えよう. 詳細な説明はたとえば文献 [9] を参照していただきたい.

クォーク・グルーオン・プラズマは, このクォーク–反クォーク場の真空期待値がゼロになった状態[12] と定義するのがより正確である. 高エネルギー原子核衝突反応でこのカイラル対称性の回復を直接的に検証する試みがなされているがいまだ成功していない.

究極的には, クォークやグルーオンといった強い相互作用をする粒子で構成される物質の性質をすべて理解することが目標となる. 図 4.6 に予想されるクォーク物質の相図を載せておく. 縦軸は温度, 横軸はバリオンに対する化学ポテン

---

[12] 強磁性体において, 低温でスピンの向きが揃って生まれた磁化が, 高温で消失するのに似ている.

シャル (バリオン密度) を表している．水の相図のように温度や密度に応じてさまざまな状態をとることが期待されているが，その相境界はどこなのか，また境界では，相転移を起こすのかなど，ほとんど理解されていない．

　初期宇宙では，ほんのわずかだけ物質と反物質のバランスが崩れているとはいえ (第 3 章を参照)，バリオン密度がほぼゼロの縦軸に沿って温度が減少する方向に時間発展していった．一方，高エネルギー原子核衝突反応では，衝突エネルギーが大きいために原子核内部の核子 (バリオン) はほとんどすり抜けて，グルーオンが衝突の主役を担う．そのため，バリオン密度が小さい．この相図では左上の領域をおもに探索することになる．高エネルギー原子核衝突反応では達成しにくい低温高密度領域は，クォークやグルーオンの相互作用の詳細があらわに効いてきて，**カラー超伝導**に代表される複雑な相構造をなすことも予言されている．このあたりの領域は**中性子星** (第 9 章参照) のようなコンパクト星の内部で実現されている可能性がある．観測されている中性子星の質量とその大きさの関係が，果たしてこのような高バリオン密度領域のクォーク物質の状態方程式で説明できるかどうかも興味深い (第 9 章参照)．

　すでに述べたように，理論計算によると，バリオン密度がゼロの領域では，相転移は起こらず連続的に状態が変化する (クロスオーバー)．一方で，モデル計算の多くは，高バリオン密度領域で 1 次相転移を予言する．そうすると，**1 次相転移の境界線**がどこかで終わることになり，その点は臨界点と呼ばれ **2 次相転移**を起こす．この臨界点は相図を特徴付ける点であることから，その探索が大きな目標になっている．将来的には低エネルギーの原子核衝突実験 (ドイツ GSI 研究所の FAIR 実験など) で精査することで見つかるかもしれない．

　なお，高エネルギー原子核衝突反応の物理では，クォーク物質の相図やクォーク・グルーオン・プラズマの状態方程式のような静的な性質に加え，輸送的な性質，たとえば，ずれ粘性係数，体積粘性係数，電気伝導度などもホットな話題になっている．

4.6　さいごに

　この章では我々の初期宇宙を満たしていたクォーク・グルーオン・プラズマと，その実験的生成を中心に解説を行った．宇宙の始めに宇宙自身を満たしていた超

高温物質「クォーク・グルーオン・プラズマ」を地球上で作り上げて，その性質を調べることができる．特に RHIC や LHC という加速器が動いて，多くの実験結果が得られている現在は，まさに宝の山の時代と言えよう．このようなクォーク・グルーオン・プラズマ研究の面白さを読者と共有できれば幸いである．この章で触れることのできなかった多くの話題は文献 [3] に詳しいので，そちらも参考にしていただきたい．

参考文献
[1] 松原隆彦著『現代宇宙論――時空と物質の共進化』，東京大学出版会 (2010).
[2] S. Borsanyi *et al.*, *JHEP*, **1011**, 077 (2010) [arXiv:1007.2580 [hep-lat]].
[3] K. Yagi, T. Hatsuda and Y. Miake, *Quark-Gluon Plasma*, Cambridge University Press (2005).
[4] 岡本小百合「現実的な状態方程式を用いた初期宇宙におけるクォーク・グルーオン・プラズマの時間発展」，上智大学理工学部卒業研究 (2012).
[5] J. -Y. Ollitrault, *Phys. Rev. D*, **46**, 229 (1992).
[6] B. B. Back *et al.* [PHOBOS Collaboration], *Phys. Rev. C*, **72**, 051901 (2005) [nucl-ex/0407012].
[7] A. Adare *et al.* [PHENIX Collaboration], *Phys. Rev. Lett.*, **104**, 132301 (2010) [arXiv:0804.4168 [nucl-ex]].
[8] M. Wilde [ALICE Collaboration], *Nucl. Phys. A*, **904-905**, 573c (2013) [arXiv:1210.5958 [hep-ex]].
[9] 橋本省二著『質量はどのように生まれるのか――素粒子物理最大のミステリーに迫る』，講談社 (2010).

[第5章]

元素合成の謎
超新星爆発がウランをうみだしたのか？

櫻井博儀

5.1　宇宙は元素の工場

みなさんはどこでこの章を読んでいるだろうか？　自宅のソファーやベッドの上だろうか，それとも電車の中？　自分の周りを見渡すとあらためてさまざまな物質によって我々の周りのものがつくられているのがわかる．

人類は道具を手にしていろいろなものをつくってきた．太古の昔から，木材を利用して道具をつくったり，家を建てたりしてきた．最近は鉄筋コンクリートの堅牢な摩天楼が世界の大都会でその存在を誇示している．機能材料や医薬品も人工物である．動物や植物，そしてもちろん我々の体も物質でできている．生命体は遺伝子に書かれた設計図通りに物質がつくられて形となり，周りの物質からエネルギーを取得して活動している．

物質はさまざまな元素からできている．水はご存じのように水素と酸素からできている．ダイヤモンドは炭素の結晶で，炭素のみでつくられている．金のような金属の場合もほぼ金元素だけでできているといってよい．生物を構成している元素は，水素，炭素，窒素，酸素，ナトリウムなど多岐にわたる．これらの生物を構成している元素の割合をしらべると太陽系の元素存在量に近いことがわかる．すなわち，地上にある元素を材料として生命体がつくられている．

太陽系の元素存在比はさまざまな手法を利用して観測されており，その結果を図 5.1 に示した．この図ではシリコン元素の存在量を 10^6 として各元素の存在比が示されている．また横軸は，元素の原子番号ではなく同位元素の質量数 (元素に含まれる原子核の陽子の数と中性子の数の和) になっている．横軸に原子番号

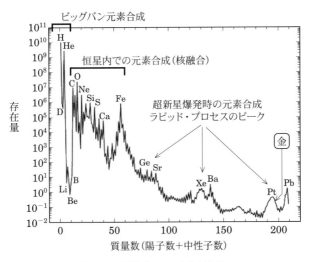

図 5.1　太陽系での元素存在比.

ではなく質量数を利用した方がよい理由はあとで述べることにしよう.

　さて,この図をみてわかることは,まず第一に水素(H)やヘリウム(He)のような軽い元素が圧倒的に多く存在することである.リチウム(Li),ベリリウム(Be),ホウ素(B)の元素は少なく,炭素(C)で急に多くなる.炭素から鉄(Fe)の手前まではゆっくりと減少するが鉄で再び多くなる.鉄より重い領域では元素存在量が圧倒的に小さくなるがゲルマニウム(Ge),ストロンチウム(Sr),キセノン(Xe),バリウム(Ba),プラチナ(Pt),鉛(Pb)の元素が比較的多く存在することがわかる.

　このような元素存在比のパターンは,宇宙での諸現象と原子核の性質によって理解することができる.原子核は原子の中心に存在している物質である.図 5.2 に宇宙での**元素合成**サイクルを示した.ビッグバンから宇宙が始まり,そこで軽い元素がつくられるが,星間物質が凝集して恒星を形成すると核融合反応が起こるようになり鉄までの元素が合成される.鉄よりも重い元素の約半分は,**超新星爆発**の際につくられ,ウランまでの重い元素の合成が進むと考えられている.爆発によって飛び散った物質が再び凝集して恒星がつくられるため,存在比のパターンにはまさに宇宙での元素合成の痕跡が示されていると考えてよい.

　ウランまでの元素合成過程は,未知の原子核が関与していると考えられており

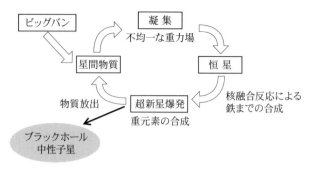

図 5.2 宇宙での元素合成サイクル.

まだその全貌が明らかとなっていない.現在,超新星爆発時に一瞬だけ宇宙に存在した原子核を人工的に生成し,その性質を調べ,ウランまでの元素合成過程を探求する研究の最前線を紹介しよう.

5.2 元素合成の鍵を握る原子核

元素の合成過程は原子中に含まれる原子核の進化の過程であり,原子核のなかに含まれる陽子の数が変化することで元素の合成過程が進んでいく.ここでは原子核について概説することにしよう.

まず,元素の物理的な実態は原子である.図5.3のように原子は原子核と電子で構成されている.原子核は陽子と中性子でつくられている.陽子は正電荷をもち,電子は負電荷で,電荷量の大きさは陽子と電子とで等しい.原子全体は電気的に中性なので,陽子の数と電子の数は等しくなっている.

原子核のまわりに広がる電子の雲の大きさは,約 10^{-10} m であり,一方,原子核の大きさは,おおよそ陽子数と中性子数の総和 (質量数) できまり,10^{-15} 〜 10^{-14} m で,原子に比べると 1 万分の 1 もしくは 10 万分の 1 の大きさである.

原子核内の中性子数が変わっても電子の数が変わらないため,その原子の化学的な性質は変わらない.したがって,周期表は陽子や電子の数の原子番号で整理されており,中性子の数は重要ではない.

陽子,中性子の重さは電子に比べ,約 2000 倍も重い.原子全体の重さは原子の中心にいる原子核の重さでほぼきまっている.原子番号が同じで中性子数が違

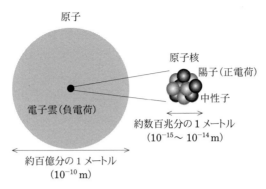

図 5.3 原子の構造．陽子，中性子で構成されている原子核と原子核の周りにある電子によって原子が構成されている．

う元素を同位元素とよんでいる．

　元素を分類する場合には，原子中に含まれる陽子数もしくは電子数と同じ**原子番号**で分類するだけでよかった．一方，原子核には陽子だけでなく中性子もふくまれるため，原子核を分類する際には，陽子の数だけでなく，中性子の数も必要になる．ここでは原子核を標記する際に，原子番号だけでなく，陽子数と中性子数の和の**質量数**を利用することにしよう．たとえばアルファ崩壊でおなじみのヘリウムの原子核は，陽子2個と中性子2個からできており，元素の名前と質量数を利用して「ヘリウム–4」と標記する．「ヘリウム」元素の名称から原子番号が2，すなわち陽子の数は2であることを示しており，「4」は質量数でこの数から中性子数は4−2=2で2個である．身の回りに大量にある炭素の原子核は，「炭素–12」で，陽子6個，中性子6個からできている．陽子1個でできた水素はもっとも基本的な原子核と考えることができ，「水素–1」とあらわされ，中性子が0個であることがわかる．

　ここで元素合成と原子核との関係を整理してみよう．元素が新たにつくられることは，原子核のなかの陽子の数が変わることである．すなわち新しい元素を生み出そうと思うと原子核の中の陽子数を変化させる必要がある．

　原子核の陽子数を変化させるためには，大きく二つの方法がある．一つは，反応によって陽子やヘリウムといった原子核を別の原子核に融合させる方法である．もう一つは，原子核に中性子をすわせて寿命が有限の重い不安定な核にし，

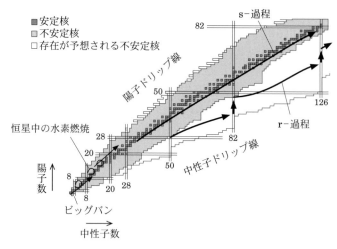

図 5.4 核図表上での元素合成過程.

崩壊を起こさせて核を変換させる方法である.

原子核は陽子と中性子で構成されているので,陽子数,中性子数の組合せで原子核の性質がきまる.図 5.4 を見てみよう.これを核図表とよび,縦軸に陽子数,横軸に中性子数がとられ,核図表上の小さい四角が一つの原子核に対応している.図の濃い灰色の部分は安定核で,崩壊することはない.天然に約 300 種弱の安定核種がある.身の回りの物質はこの安定核種が含まれる安定同位元素によってつくられており,元素が他の元素に変換してしまう心配はない.薄い灰色の部分は不安定核で,現在まで約 3000 種の存在が確かめられており,寿命は有限で崩壊によって他の核種に変換してしまう.崩壊の際に放射線を出すので,不安定核を含む元素を放射性同位元素とよぶこともある.

さて,任意の陽子数,中性子数で原子核をつくることはできない.たとえば,炭素–12 の原子核に中性子を一つ付け加えよう.炭素–12 は炭素–13 となり,炭素–13 は安定核である.さらに中性子を付け加えると炭素–14 となり,寿命が約 6000 年の不安定な原子核になる.さらに付け加えていくと,炭素–15 になり,寿命は一気に 2.5 秒と短くなる.このような操作を続けていくと,炭素–22 で原子核の存在限界に行きつく.炭素–22 の寿命は,6 ミリ秒程度であるが,炭素–22 に中性子をつけた炭素–23 は陽子,中性子が束縛してひと塊にならず,すぐに中

性子をだして炭素–22 にもどってしまう．これは新たに追加した中性子が核力で束縛されないことを意味している．このようにもはやこれ以上中性子を追加しても原子核として束縛しない境界にある原子核を「**中性子ドリップ核**」と呼んでいる．炭素の場合には炭素–22 が中性子ドリップ核である．次に中性子を炭素–12 から抜いていくと，炭素–9 で陽子過剰側の限界となり，炭素–9 は「**陽子ドリップ核**」と呼ぶ．

もう一度図 5.4 を見てみよう．安定な核が線上にならんでいるので，これを安定線とよぶことがある．同様にドリップ線核をつなげていくと線上につながり，安定核に対して中性子が過剰な側は**中性子ドリップ線**，陽子過剰側は**陽子ドリップ線**とよぶ．陽子ドリップ線は重い原子核までその場所が比較的よくわかっているが，中性子ドリップ線は酸素までしか確定していない．ドリップ線の場所は理論で予想することができ，ドリップ線に挟まれた領域に，束縛した原子核が約 10000 種存在すると予想されている．ドリップ線に挟まれた領域には，安定核と不安定核があり，不安定核はベータ崩壊や**アルファ崩壊**，自然核分裂を起こして崩壊する．

炭素のような軽い原子核の場合は，**ベータ崩壊**で不安定核は崩壊する．ベータ崩壊は弱い相互作用で核が変換される過程で，崩壊時に電荷がマイナスの電子が放出されるか，電荷がプラスの陽電子が放出されるかで，**ベータマイナス崩壊**，**ベータプラス崩壊**と区別してあらわすことがある．中性子過剰な炭素の不安定核は，ベータマイナス崩壊がおこり，原子核内の中性子 1 個が陽子にかわって窒素にかわる．炭素–14 の場合は，窒素–14 になり，ベータ崩壊の前後で質量数 14 は変化しない．陽子過剰な核の場合にはベータプラス崩壊が起こり，原子核内の陽子 1 個が中性子にかわる．たとえば，炭素–11 はホウ素–11 になる．原子核の陽子数をかえる方法を述べたが，そのうちの一つは崩壊に関係するものだった．原子核に中性子を吸わせて中性子過剰な不安定核をつくるとベータマイナス崩壊がおこって，原子番号が一つ増えることになる．

5.3　鉄ができるまでの元素合成サイクル

次に図 5.1 と図 5.4 を利用しながら鉄までの元素合成過程を概説しよう．元素合成の過程は，原子核の変換の過程である．

元素合成サイクルで最初に登場するのは138億年前に起こったとされるビッグバンである．ビッグバンは宇宙開闢（かいびゃく）の時代であり，超高温，超高密度のエネルギーの塊が，インフレーションによって大きく広がり，宇宙が始まったとされている．高温，高密度の状態が時間とともに冷える過程でさまざまな素粒子がつくられていく．元素を形作るための材料である陽子や中性子はビッグバンから10万分の1秒後に，温度10^{12} Kでつくられたと考えられている．さらに約3分後には温度が下がって，10^9 Kになると陽子と中性子が組みあわさって重陽子(水素–2)ができ，さらに重陽子同士が結合して原子番号が2のヘリウム–4がつくられる．

　ここで中性子の役割について強調しておきたい．中性子の平均寿命は15分で，ベータ崩壊し陽子にかわる．しかし，中性子が陽子と結合して，たとえば，重陽子になると束縛エネルギーが獲得されて，重陽子全体の質量が軽くなり，重陽子の寿命が無限大になる．すなわち，重陽子の中の中性子は崩壊しなくなる．前でも述べたように，安定核すなわち安定な元素をつくるためには中性子はなくてはならない基本的な要素である．中性子がビッグバン直後に生き残らなければ我々の宇宙は水素だらけになる．しかし，陽子と中性子との間に働く核力は，陽子同士，中性子同士に働く核力とくらべると強く，陽子と中性子が束縛して，ベータ崩壊を起こさず安定になる．ビッグバンから138億年経過したいまも物質のなかに中性子が含まれているのは，この束縛エネルギーのおかげである．

　では次に重いリチウム元素の生成を考えよう．単純に，ヘリウム–4に陽子がつくとリチウム–5になる．しかし，リチウム–5は束縛しない原子核で，すぐに壊れてしまう．では中性子をつけて，次に陽子をつけてリチウム–6をつくる場合はどうか？　このとき，最初の中性子を一つつけたところでこの経路は止まってしまう．というのもヘリウム–5も束縛しないからだ．リチウムをつくるためには，ヘリウム–4と水素–2がくっつく必要がある．さらにその先のベリリウムではベリリウム–8が束縛した核として存在しないために，たとえば，ヘリウム–4どうしが二つ融合してベリリウム–8をつくることができないのである．このように，軽い核の領域では質量数5と8に安定な元素が存在しないために重い元素がつくられる経路が限られてしまい，ビッグバンでの元素合成では，リチウムまでの軽い元素しかつくられない．

水素やヘリウム元素が集まって恒星を形成すると，星内部の温度や密度が高くなり，核融合反応が始まる．星内部でもビッグバンの初期と同じように，陽子が組みあってヘリウムができる．この融合反応によって生み出されたエネルギーで恒星は重力でつぶれずに光り輝く．わが太陽も恒星の一つであり，太陽で生み出されるエネルギーもこの水素が燃焼する反応から生み出されている．質量数 5 と 8 に安定な元素が存在しないためにビッグバンではリチウムまでの元素しかできなかったが，恒星の中では，時間をかけて核融合反応をおこすことができるため，ビッグバンの場合とは異なる反応が起こりうる．そのもっとも有名な反応は，三つの**アルファ粒子** (ヘリウム–4 原子核) がほぼ同時に融合する**トリプルアルファ反応**である．ヘリウム元素二つが合成すると質量数 8 のベリリウム–8 になるが，その元素の寿命は 10^{-16} 秒程度であり，すぐに二つのヘリウムに壊れてしまう．恒星の温度が 1 億度程度になると，ベリリウム–8 にもう一つのヘリウムがくっつき，炭素–12 ができるようになる．図 5.1 をみると炭素の存在比がリチウム，ベリリウム，ホウ素と比べて圧倒的に大きいことがわかるだろう．

　このトリプルアルファ反応は，そもそも炭素–12 が陽子 6 個，中性子 6 個でできていると考えるよりも，三つのアルファ粒子 (ヘリウム–4 原子核) でできていると考えることで反応確率を説明することができる．このように，原子核では核内のアルファ粒子が重要な役割を果たすことがある．たとえば，アルファ崩壊は，重い原子核がアルファ粒子を放出して崩壊する現象であり，陽子，中性子でできた原子核の中にアルファ粒子が顔をだしてくる．どういう条件でアルファ粒子が出現してくるのか？　この問いは未解決の問題であり，アルファ構造の研究は原子核物理学の最先端研究の一つである．

　さて，恒星内部の温度上昇とともに炭素ができると水素やヘリウム元素が次々と融合できるようになり，最終的に鉄まで融合される．鉄まで融合できる理由は，安定核のなかでもっとも安定なのは鉄の核だからである．原子核 A と B とを融合させ，原子核 C をつくることを考えると，この反応が発熱反応であれば，エネルギー的に安定な方向に進み，原子核 C がつくられる．一方，吸熱反応であれば，エネルギーを特別に付与しなければ C はつくられない．安定な鉄の原子核は安定核のなかでもっとも核子あたりの束縛エネルギーが大きいため，鉄よりも軽い核どうしの融合によって発熱反応でつくられる．恒星の中では原子核が

動き回っているので，吸熱反応でも鉄より重い元素をつくることができるように思うかもしれない．しかし，星の内部の温度は鉄より重い元素をつくれるほど高くないため，恒星内の融合反応は鉄で止まってしまう．

　鉄までの元素合成過程では，陽子やアルファ粒子といった軽い原子核が融合することで重い元素がつくられていく．原子核同士の融合が起こる際は，同じプラスの電荷を帯びたもの同士が融合することになるので，クーロン斥力がはたらく．クーロン斥力がなるべく小さくなる組合せを考えると融合反応確率が大きくなる．クーロン斥力は融合する二つの原子核の陽子数の差が大きいときに小さくなる．なぜならクーロン斥力は二つの原子核の陽子数の掛け算できまるからである．したがって，鉄までの融合過程は陽子やヘリウム–4といった原子核が重い原子核に次々と融合されていく過程である，と考えてもよい．

5.4　ウランをつくりだす r–過程と魔法数

　鉄よりも重い元素はどうやってつくられるのか？　その鍵を握るのは中性子である．

　中性子は電荷をもたないのでクーロン斥力が働かない．したがって，容易に原子核のそばまでたどり着くことができる．何らかの理由で中性子をつくり出すプロセスがあれば，原子核は中性子を吸い，重い原子核になり，不安定な原子核になってベータ崩壊する．中性子過剰な原子核の場合にはベータマイナス崩壊をして，核内の中性子が陽子に代わるため原子番号が一つ大きくなる．原子番号が一つ大きくなった原子核がまた中性子を吸い，不安定核になって崩壊するとさらに原子番号が一つ大きな原子核になる．このように中性子の吸収と崩壊を繰り返しながら鉄よりも重い元素がつくられていったと考えられている．

　鉄よりも重い元素の生成過程は主に二種あると考えられている．遅い過程と速い過程，それぞれ英語の slow と rapid の最初の文字をつかって「s–過程」,「r–過程」と呼んでいる．遅い，速いは元素過程を進める中性子の量できまる．s–過程およびr–過程で鉄よりも重い元素のほぼ100%がつくられ，s–過程とr–過程の寄与はそれぞれ約半分であると考えられている．

　s–過程は恒星進化の途中で起こる元素合成過程であり，数千年程度の時間スケールですすむ．恒星中でアルファ粒子が融合する過程で生じる中性子がs–過程

に寄与するが，中性子放出反応の頻度は小さいため，恒星内部の中性子密度は比較的低い．密度が低いために，いったん中性子を吸収した安定核は，次の中性子を吸収するまえにベータマイナス崩壊をおこなう．したがって，s–過程は図 5.4 のように原子核の安定線に沿って元素合成が進む．s–過程で合成されるのはビスマス (原子番号 83) までであり，ウラン元素は生成されない．

r–過程では，図 5.4 のように非常に中性子過剰な原子核がつくられる．高密度中性子環境下で原子核が大量に中性子を吸い，短寿命の原子核ができあがって崩壊し，また中性子捕獲と崩壊を繰り返す．r–過程の典型的な時間スケールは 1 秒程度であり，一気に元素合成過程が進む．r–過程でつくられるのは図 5.4 に示されている中性子過剰な不安定核であることに注意が必要である．中性子密度が低くなると r–過程がとまり，**中性子過剰核が崩壊を繰り返して安定核ができあがった**と考えられている．

さて，図 5.1 をもういちど見てみよう．鉄よりも重い領域でゲルマニウム，ストロンチウム，キセノン，バリウム，プラチナ，鉛の元素で存在比のピークをつくっていることがわかる．このピークのうち，ストロンチウム，バリウム，鉛は s–過程で，ゲルマニウム，キセノン，プラチナの山は r–過程でつくられたと考えられている．この山をつくる要因は原子核の「**魔法数**」である．

原子核の魔法数は，2, 8, 20, 28, 50, 82, 126 であり，陽子数や中性子数が魔法数になると原子核の安定性が増大することが知られている．原子の魔法数は，2, 10, 18, 36 などで，原子番号が魔法数になると非常に安定な元素になるのと同じである．これらの元素は，周期表で一番右側に位置しており，ヘリウム，ネオン，アルゴン，クリプトンといった希ガスである．

魔法数が原子核に現れる理由は，核内の陽子や中性子も原子の電子と同じように量子的なとびとびの軌道にはいるからである．軌道のエネルギーもとびとびの値をもつが，そのエネルギー間隔は等しくなく，あるところで大きなギャップができる．下から順番に陽子や中性子を順番につめていったときに，ギャップの大きくなるところまでつまっている陽子，中性子の数が魔法数に対応する．

s–過程起源のストロンチウム，バリウム，鉛のピークは安定核に現れる魔法数，50, 82, 126 と関係がある．ピークをつくっている元素の中性子数がこれらの魔法数をもっている．r–過程に現れる，ゲルマニウム，キセノン，プラチナのピー

クも魔法数に対応するが，安定核領域での魔法数ではなく，図5.4のように安定線から遠く離れた中性子過剰領域での中性子の魔法数50, 82, 126に対応する．

魔法数をもった原子核は比較的安定なため，寿命が周りの原子核と比べると比較的長く，また中性子捕獲反応の確率が小さい．この理由から中性子捕獲でいったん魔法数をもった原子核ができあがると，次の中性子捕獲が進まず，ベータマイナス崩壊して原子番号が増えていく．中性子の数が減って魔法数からはずれると，再び魔法数になるまで中性子を捕獲する．これをくり返して，魔法数にそって元素合成経路を駆け上がっていく．これが影響して，魔法数のところにピークを形成することになる．

s–過程に関与する原子核は安定核や近傍の不安定核で，これらの原子核の性質は比較的よく調べられている．もちろん，s–過程上の一部で，いまも中性子捕獲反応確率に関係した研究が行われているが，s–過程の大局的な理解は進んできた．一方で，r–過程は安定線から遠い未知の原子核が関与すると考えられていて，r–過程についての全容はいまだまったく明らかになっていない．

約50年前に提案された仮説によれば，超新星爆発時の高い中性子密度のもとでr–過程が進んだとされている．しかし，その後の超新星爆発モデルの進展などにより，ますますr–過程の起こる場所に対する議論は混迷を極めてきた．超新星爆発のどの段階で，どの場所でr–過程が進んだのかまったくわかっていないといってもよい．このような状況で，原子核物理学の実験家はr–過程に関与したと考えられる中性子過剰核を直接実験室でつくりその性質を明らかにする研究を進めている．

原子核の質量からr–過程の経路に関する情報が得られる．この経路にそって原子核の寿命がわかるとr–過程の速さがわかる．さらに数値計算を行う際には，ベータ崩壊した後の中性子放出確率も重要なパラメータになる．r–過程がどこで終焉するかは非常に重要な研究課題であり，重い中性子過剰な原子核の性質を得ることが今後の大きなテーマとなっている．

実験研究だけでなく，理論研究もさかんだ．中性子過剰な領域では8, 20, 28といった魔法数がなくなり，新しい魔法数6, 16, 32, 34が出現することが実験で明らかになっている．これは安定核領域とは異なる構造が中性子過剰領域に出現していることを示しており，安定核領域と中性子過剰領域を統一的に理解し，

原子核の諸性質を予想する挑戦が行われている.

中性子過剰な領域で原子核はどういう構造になっているのか，50 や 82, 126 といった魔法数が中性子過剰領域で失われるのかどうかは，原子核物理学の実験，理論研究の主要なテーマの一つであり，r–過程の微視的な理解にとってとても重要な課題となっている．質量や寿命の測定だけでなく，さまざまな物理量を測定して，未知の原子核の構造の解明に迫っているのが現代の原子核物理学の最前線研究の一つである．

5.5　r–過程核をつくる「RI ビームファクトリー」施設

r–過程に関与する未知の中性子過剰核を人工的に生成することができる施設が 2006 年に建設された．この施設は，**理化学研究所**にある「**RI ビームファクトリー (RIBF)**」である．RIBF では一つの施設で約 4000 種もの不安定核を人工的に作り出すことが可能で，中性子過剰な不安定核 (RI) を大量生産し，不安定核研究を大いに加速することができる施設である．

RIBF は世界の先陣をきった次世代施設であり，核図表上での未開の地を開拓し，特異な領域を世界に先駆けて見出すことが初期の主要テーマである．原子核物理学では諸性質が核図表上でどのように変化するかを系統的に調べる必要がある．陽子数 Z と中性子数 N の関数で物理量を眺めると，変化量の大小から核構造の変化の大小を推し量ることができる．また，開拓領域がひろければひろいほど新たな発見を生み出す機会が多くなる．核構造の特異領域が見出されたならば，さまざまな物理量を多角的に取得し，物理的メカニズムを深く追究できる．

以上のような観点から RIBF の主要な設計思想は，(1) 核図表上の水素からウランにいたるすべての元素の RI を利用でき，(2) 従来の施設にくらべ利用できる RI の範囲を格段にひろげ，(3) さまざまな実験手法に特化した実験装置群を擁し，未知の不安定核の主要な性質を一施設で取得できる「自給自足」体制の構築を目指した点にある．

RI をビームとして取り出すことが始まったのは 1960 年代であり，欧州 CERN 研究所で得られる高エネルギー陽子ビームを標的に入射し，標的核を破砕，分裂させて生成した破砕片を収集，イオン化し，加速する手法が取られていた．この手法は **ISOL** (Isotope Separator On-Line) 法と呼ばれる．この方法の長所は

RI ビームの質が良く，エネルギー幅，空間的広がり，角度広がりがすべて狭い点にある．欠点は，イオン化する際に元素の化学的性質に支配されるため，たとえば，初期の段階ではアルカリ金属元素のみをビームとして取り出すことが可能であった．また，破砕片の収集・イオン化に必要な時間が比較的長いことも，安定核から遠い不安定核を取り出す際に不利となる．安定核領域から遠く離れれば離れるほど，不安定核の寿命は短くなり，寿命が収集・イオン化時間よりも短くなると，ビームの取り出し効率が急激に低くなる．ISOL 法は典型的には 1 秒以上の寿命をもった RI に威力を発揮する．

ISOL 法に加え，1980 年代に物理的手法で RI ビームを生成することが可能となった．この発端となったのは米国 **LBNL 研究所のベバラック加速器**で核子あたり 1 GeV 程度までの重イオンビームを利用した核反応研究である．入射核と標的核がかすり衝突をすると，入射核が破砕し，前方に破砕片が飛び出してくる．この破砕片を利用した反応研究が行われるようになった．破砕片には安定核も不安定核も含まれるが，不安定核を選び出し 2 次反応を起こさせ，**リチウム–11**のハロー構造が発見された．その後，反応で生成したさまざまな破砕片から研究対象の RI を分離し，ビームとして取り出す手法がフランス・**GANIL** 研究所で確立される．この手法は，**インフライト (In-Flight) 法**と呼ばれ，二つの偏向電磁石をもつ磁気スペクトロメータ「RI ビーム生成分離装置」を利用する．RI ビーム生成分離装置の中を RI が走る時間は数百ナノ秒と圧倒的に短い．ベータ崩壊する原子核の寿命のこれまでの最短記録は 1 ミリ秒である．したがって，寿命の短い不安定核でも収集効率が落ちない．図 5.5 にインフライト法の概念図を示した．

理化学研究所ではインフライト法の将来性に着目し，1990 年代初頭に RI ビーム生成分離装置「RIPS」を建設し，RI ビームを用いた研究を開始した．この RIPS の特徴は，**理研リングサイクロトロン (RRC)** のビームエネルギー (核子あたり 100 MeV 程度)，強度を最大限生かした RI ビーム生成が可能な点であり，完成当時の RI ビーム強度は，軽い核の領域では世界の他の施設と比べ 100 倍以上であった．この大強度 RI ビームに触発され，さまざまな研究手法が理研で開発され，軽い中性子過剰核の領域で「常識」を覆す新しい現象・性質が次々と見出された．従来は，RI の生成のみに着目し，寿命や崩壊様式を調べる実験が主

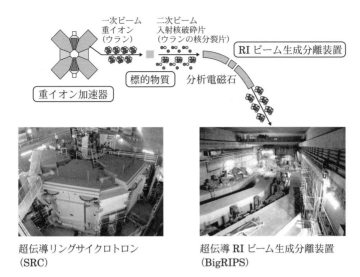

図 5.5 インフライト法による不安定核ビーム生成法．重イオンビームを繰り出す重イオン加速器，不安定核生成反応を引き起こすための標的，標的で生成した不安定核を収集分離するための RI ビーム生成分離装置の三つの要素からなる．左の写真は，超伝導リングサイクロトロン (SRC)，右は超伝導 RI ビーム生成分離装置 (BigRIPS)(独立行政法人理化学研究所提供).

流であったが，この大強度化によって RI ビームによる 2 次反応を起こさせ，さまざまな新しい情報が得られるようになったことが大きい．実際，理研で開発された手法は，国外に輸出され，アメリカ (ミシガン州立大学国立超伝導サイクロトロン研究所)，ドイツ (GSI 重イオン研究所)，フランス (GANIL 研究所)，中国 (近代物理学研究所) 等，同種の分離装置を持つ世界中の研究所で利用されている．RRC の加速エネルギーの限界から利用できる RI ビームは質量数 60 以下の軽い元素に限られており，15 年以上も前から，この分野の次なる展開が理研内で議論され始めていた．

理研での将来計画が議論されている最中，90 年代半ばにドイツ **GSI 研究所**でウランビームによる核分裂反応から RI ビームを生成する試みが行われた．GSI ではシンクロトロンでウランを核子あたり 1 GeV 程度まで加速し，核分裂反応を起こさせ，破砕片の中から多くの新同位元素を発見することに成功した．当時の GSI の加速器施設は，ビーム強度や破砕片の収集効率の点では十分な性能を

有していなかった．にもかかわらず新同位元素の発見に至ったことで，RIを生成する反応として，入射核破砕反応に加え，核分裂反応の有効性が明らかとなった．以上のようなRIビーム発展の歴史の中で，理化学研究所のRIビームファクトリーは，ウランビームを十分なエネルギーまで加速し，その大強度化を図るとともに核分裂片の収集効率を向上させ，大強度RIビームを供給することを目指した．

　加速器群とRIビーム生成分離装置からなるRIビーム発生系の設計思想は，前述のようにウランビームの高エネルギー化と大強度化，核分裂片の収集効率の飛躍的増大であった．高エネルギー化と大強度化をもたらす加速器として理化学研究所はサイクロトロン型加速器を採用した．その理由の一つは，GSI研究所で利用されているシンクロトロン型加速器と比べ，大強度ビームを得やすいからである．シンクロトロンでは，加速時にビームをパルス化しなければならず，また加速に秒程度の時間がかかる．このため，ビーム粒子間にはたらくクーロン斥力によってビームが広がり，ビームを損失しやすく，また平均強度も稼げない．一方，シンクロトロンの利点としてビームエネルギーを高くすることが比較的容易であることがあげられる．1次ビームエネルギーとRI生成量の間にはエネルギーの増大とともにRI生成量が増えていくという関係がある．これはエネルギーをあげることでより厚い生成標的が利用できることと分裂片の角度広がりが小さくなっていくことによる．しかし，核子あたり500 MeV以上になるとエネルギー増大によるRI生成量の増加分は小さくなっていく．そこで，理研では費用対効果を考え，核子あたり400 MeV程度まで加速できるサイクロトロンを建設することになった．RIBFの加速器群は多段式を採用している．旧施設の加速器群に加え，新たに固定周波数リングサイクロトロン (fRC)，中間段リングサイクロトロン (IRC)，超伝導リングサイクロトロン (SRC) の3基のリングサイクロトロンが建設され，ビームを段階的に加速し，たとえば，ウランを核子あたり350 MeVまで加速することができる．最終段のSRCは，世界初の超伝導リングサイクロトロンで，総重量は8300トンである (図5.5の写真 (左))．

　核分裂片を効率良く収集・分離するための，超伝導型RIビーム生成分離装置「**BigRIPS**」も新たに建設された．大きな角度で出射した核分裂片を収集するために超伝導四重極電磁石が採用されている (図5.5の写真 (右))．この超伝導

四重極磁石により，BigRIPS では反応で生成した分裂片のほぼ半分を収集でき，収集効率は GSI にくらべ 10 倍以上も向上した．BigRIPS は二つのステージを直列に連結したユニークな構造を持っている．第一ステージは，RI の生成分離に特化しており，第二ステージは，RI の粒子識別や RI 純度を向上させるために利用される．BigRIPS から繰り出される RI ビームのエネルギーは，その強度を最適化すると核子あたり 250 MeV 程度である．RI ビームの純度は 100% ではないため，RI の一つひとつの陽子数 Z，質量数 A，荷電数 Q を決定する必要がある．RIBF のエネルギーでは RI の Z が 60 を超え始めると，$Q=Z$ (電子がすべてはぎ取られた状態) にはならず，電子が一つか，二つついた状態になっている確率が高い．従来の粒子識別の方法では Q を測定するために RI を止め，運動エネルギーを測定する必要があった．しかし，A と Q をそれぞれ独立に測定する方法に替わり，運動量と飛行時間の精密測定により，A/Q を高精度 (10^{-4} 程度) で決定する方法が採用されている．この新手法により RI ビームを止めずに粒子を識別し，ビームを供給することが可能となった．これら 3 基のリングサイクロトロン，および BigRIPS の建設は 2006 年度内に終了し，SRC での初加速は，2006 年 12 月に成功した．また，2007 年 3 月にはクリプトンビームを利用した BigRIPS での RI 生成と粒子識別に成功している．

5.6 最近の成果と今後の展開

　RIBF での r–過程に関連する研究は 2008 年 12 月にスタートした．この実験では，質量数 110 程度のクリプトン (原子番号 36) からテクネチウム (原子番号 43) までの中性子過剰核がウランの核分裂反応で生成され，18 種の未知の原子核の寿命を世界で初めて測定することに成功した．図 5.6 に理研で取得されたデータと理論予想を示した．

　一般に原子核が中性子過剰になればなるほど，寿命の理論予想値と実験値との差が小さくなっていく．これは崩壊前の原子核と崩壊後の原子核との間の質量差によって，ベータ崩壊の寿命が決まってくるからである．しかし，図 5.6 をみると，驚くべきことにジルコニウムとニオブの同位体については，実験データと理論予想値が中性子が増えても近づかずに平行線をたどっている (図中の灰色の部分)．予想値よりも実験データは 2〜3 倍短いことから，r–過程が予想よりも速い

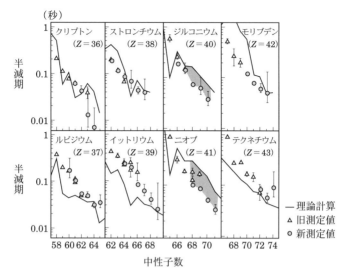

図 5.6 理化学研究所で得られた質量数 110 程度の不安定核の半減期データ．クリプトンからテクネチウムまでの半減期データを元素ごとに中性子の数で示している (独立行政法人理化学研究所提供)．

スピードで進むことがわかってきた．

質量数 110 近傍では r–過程の元素存在比と計算予想とが大きく食い違っている問題が知られている．理研で得られた新しい寿命データを利用してこの食い違いが解消されるかどうかを計算してみると，若干の改善はみられるものの，大きな食い違いを解消するところまではいっていない．どうやら寿命以外の何らかの要因がありそうである．

さらに r–過程の研究を推進するために，2013 年から欧州の研究者たちとの共同研究を開始している．2008 年の実験では，効率的に研究成果を挙げることができ，世界中の研究者が RIBF に注目しはじめた．欧州の研究者らは彼らが所有する高性能ゲルマニウム検出器を RIBF に持ち込んでガンマ線測定を中心とした共同研究を行うことになった．2008 年時の実験条件と比べると，ガンマ線の検出効率は約 10 倍になった．また，2008 年当時と比べてウランのビーム強度は 50 倍にもなり，中性子過剰な未知の原子核のデータを大量に取得することが可能となっている．2013 年から多くのデータを取得しており，次々とデータが

発表されつつある．

　2014 年の夏に発表されたデータは，ニッケル–78 およびその近傍の核の寿命測定に関するものである．ニッケル–78 は陽子数 28，中性子数 50 でどちらも魔法数となっている．魔法数を二つもつ原子核は二重閉殻核とよばれて安定性が非常に大きくなると期待される．一方で中性子過剰領域で 28, 50 の魔法性がどのくらい強いのかについて多くの理論的な予想が行われてきた．ニッケル–78 周辺の核の寿命を測定すると陽子数 28，中性子数 50 を境に寿命が大きく変化することがわかり，どうやらニッケル–78 は二重に魔法数をもっているらしいことがわかってきた．

　中性子数 50 のほか，次の魔法数である中性子数 82 周辺のデータが多数得られており，原子番号 46 のパラジウム領域では中性子数 82 の魔法性が存在していることがわかっている．この他，r–過程に関連した寿命データが大量に発表される予定である．

　2013 年には質量を精密測定するための装置「稀少 RI リング」が建設され，2016 年頃の本格実験にむけて調整中である．この装置は，RIBF で得られる RI ビームの時間構造が連続的であることを巧みに利用し，興味のある RI が来たときだけ，RI をリングに蓄積し，飛行時間を正確に測定して質量を測定する．この他，中性子捕獲反応を測定する実験や重い中性子過剰核の核分裂反応確率を測定する実験などが検討されており，r–過程に関連したさまざまな物理量が今後も取得されていく予定である．

　理論計算も大いに進んでおり，r–過程は超新星爆発だけではなく，**中性子星合体**でもおこるとされるシナリオもここ最近になって急浮上してきた．超新星爆発が起こった後，中性子星の連星系が生じることがある．この連星系間の物質のやりとりのため連星系の回転速度が徐々に低くなり，やがて両者が合体する．ごく最近になって，この合体過程の数値シュミレーションが可能となり，さまざまな計算ができるようになってきた．その一つが合体時の元素合成過程であり，そのシナリオによれば，中性子過剰なトリウムやウランの原子核ができあがり，中性子数 184 を超えるとたちどころに核分裂がおきる．この 184 という数字は重い原子核の領域で予想されている魔法数である．核分裂時に放出される中性子も付加されて中性子捕獲反応が起こると予想され，r–過程のキセノン，プラチナの

ピークが形成されると考えられている．

　日本の KAGRA などの重力波アンテナでは，中性子星合体で生じる重力波の観測も視野にはいっている (第 9 章参照)．重力波源の位置の特定には合体によって十分な電磁波放射が必要になっている．もし，中性子星合体によって r–過程が進めば合体した瞬間に急に明るくなるはずであり，「r–過程新星」として観測することができるだろう．このように，現在の研究の最前線では，重力波，r–過程が密接に結びついており，今後の宇宙観測次第で，元素合成シナリオが大きく変わる可能性もでてきた．

　まさに r–過程の元素合成研究は，天文，重力波，原子核の三つの分野をつなぐ非常に興味深い研究対象となっている．このような状況で，RIBF で得られるデータはより貴重となり，さまざまな元素合成シナリオに有益な情報を提供することができるようになるだろう．また，中性子過剰なウラン領域の原子核をどのようにつくるかという，原子核物理学の次なる挑戦も始まろうとしている．

参考文献

[1] 岡村定矩，池内 了，海部宣男，佐藤勝彦，永原裕子編『人類の住む宇宙』，日本評論社 (2007)，第 3 章．

[2] 櫻井博儀著『元素はどうしてできたのか——誕生・合成から「魔法数」まで』，PHP 研究所 (2013)．

[3] 理化学研究所仁科加速器研究センター

http://www.rarf.riken.go.jp/index.html

[第6章]

分子の誕生と星間物質

坂井南美

6.1　はじめに

　私たちの住む太陽系は約46億年前に生まれたと言われている．星と星の間 (星間空間) に漂うごく薄いガスと塵が，長い年月をかけて自分の重力で寄り集まって太陽という星ができた．星は宇宙の構造を形づくる最も基本となる天体であるが，寿命もある．太陽であれば100億年，太陽よりも10倍重い星では1000万年の命である．時には超新星として激しく，時には年老いた星として静かに一生を終え，星の中で合成したさまざまな元素を星間空間にばらまく．宇宙開闢の時には水素，ヘリウムとわずかばかりのリチウムしかなかったが，星が生まれては死ぬ輪廻の営みの中で重元素 (炭素，酸素，窒素，鉄など) が作られ，宇宙の年齢とともに増えてきた．それらの元素が宇宙の姿を多様で豊かなものにしてきた．

　現在もどこかで新しい星が作られている．それは星という天体を作るプロセスであるとともに，星間空間を漂う原子ガスから，さまざまな分子や多様な物質が作られていく物質進化のプロセスでもある．その結果として，46億年前に宇宙の中で太陽系ができ，地球ができ，そしてそこで生命が生まれたのである．悠久たる時間の中で，多様な命を育むに至った太陽系．他の星でも同じことが起こっているのだろうか？　言い換えると，太陽系は宇宙の中でどれほど貴重な存在であるのか，もしくはどれほどありふれた存在なのだろうか？　この問いは，宇宙における私たち自身の起源や存在意義を考える上できわめて重要な問題である．ここでは，星ができる時の物質進化に着目してその問いに挑んでいる研究の一端

を紹介する．

6.2 星間分子

　星間空間というと真空というイメージがついてまわるが，真に「空」なわけではない．そこには星ができるもとになる塵やガス (おもに水素分子) が，ところによって $1\,\mathrm{cm}^{-3}$ あたり数百個から数百万個ほど存在している．数だけをみると十分多いようにも思えるが，地上の大気では酸素や窒素などの分子が $1\,\mathrm{cm}^{-3}$ あたり 3 千京個 (3×10^{19} 個) 含まれているのに比べると，いかに少ないかわかる．地上の実験室では超高真空と呼ばれる状態である．一つの分子に着目したとき，地上の大気では他の分子との衝突が一秒間に数億回起こるのに対して，星間空間では数日から数年に 1 回の頻度でしか起こらない．星間空間で分子が作られ，より大きな物質へと進化していくためには，原子・分子が相互作用する，つまりぶつからないといけない．このような極端に低い密度の環境で複雑な分子が作られていくということは，なかなか想像しにくいものであったのだろう．そのため，1940 年頃に星間空間で初めて CH や CN のような単純な分子が発見されて以降も，しばらくは，星間空間での分子形成はあまり注目を集めなかった．

　それから四半世紀の後，電波 (マイクロ波) で宇宙を見ることができるようになって初めて，さまざまな分子 (星間分子) の存在が明らかになった．1963 年に OH が，1960 年代後半から NH_3, H_2CO, H_2O, HCN, CO などの分子が相次いで発見され，1970 年台前半の星間分子の発見ラッシュにつながった [1]．ここに及んで，星間空間の中でもガスや塵が特に集まった場所があることがわかった．星間分子雲と呼ばれる特にガスが濃い場所は，肉眼で見ても背景の星を覆い隠すほど (図 6.1) で，かの有名なオリオン座の馬頭星雲も星間分子雲の一例だ．星間分子雲は新しい星を誕生させる直接の母体として天体物理学の分野で注目されるとともに，その発見は「星間化学」という天文学と化学の間の境界分野を生んだ．現在までにおよそ 180 種の星間分子が，おもに電波による観測で発見されている (最新の**星間分子**のリストは国立天文台編『理科年表』(丸善) に掲載されている)．星間空間を漂うガスの主な成分は水素分子であるが，最大 13 原子までの多種多様な分子が含まれている．なかでも有機分子は検出された分子種の 3/4 を占める．これは，炭素原子の宇宙存在度が高いこと (H, He, O に次いで 4 番

図 6.1 おうし座分子雲の光学写真. 黒くなっている場所に分子雲があり, 背景の星の光を遮っている. その形態から, 暗黒星雲とも呼ばれている (G. Duvert, *et al.*, *Astronomy & Astrophysics*, **164** (1986) 349, reproduced with permission ⓒ ESO).

目に多い) だけなく, 反応において "4 本の手" を持つこと (結合の多様性) にも由来する[1].

　星間空間は周囲にある星々からの光 (星間紫外線) で満ちている. 星間分子雲の密度が低いうち ($1\,\mathrm{cm}^3$ あたり数百個未満) は, 分子が生成したとしても星間紫外線ですぐに壊されてしまう. そのため, 大きな分子が成長することはほとんどないと言ってよい. 一方, 密度が上がって数千から数百万個になると, 星間分子雲の内側には星間紫外線が届かなくなる. ガスとともに含まれている星間塵が外からの紫外線を散乱・吸収するからである. たとえば, 図 6.1 では, 可視光すらも遮られてしまっている[2]. その結果, 分子は壊されることなく化学反応で成長し, 数十から数百万年の時間をかけて, さまざまな分子が作られる.

---

[1] 酸素原子は水素原子の 1/1000, 炭素原子はその約半分, 窒素原子は 1/10000 の個数比で存在. 硫黄原子やシリコン原子はこれらよりさらに少ない. 図 5.1 および『理科年表』(丸善) 参照.

[2] 光 (電磁波) は, その波長によって異なる名称がつけられており, 波長数百 nm の光を可視光と呼ぶ. これよりも短い波長のものを紫外線, 長い波長のものを赤外線と呼ぶ. 赤外線よりもさらに長い波長のものを電波という.

星間分子の中で水素分子の次に多いのが一酸化炭素 CO である．水 H_2O やアンモニア NH_3 のようなじみ深い分子種だけでなく，C_2S や C_4H のような炭素が直線状に繋がった分子など，地上では通常存在しないような分子種も星間分子雲には存在する．一度できたら数日から数年もの間，他の原子・分子と衝突しないために，このような反応性の高い分子でも存在できる．また，低温・低密度下にあるために，いわゆる三体反応 (原子や分子が三つ同時に衝突して反応すること．地上のような高密度下ではよく起こる) や吸熱反応 (外部からエネルギーをもらわないと起こらない反応) などはほとんど起こらない．では，どのようなプロセスを経てさまざまな分子が生成されたのだろうか．星間分子雲であればどこでも，同じような種類の分子が同じような比率で生成されるのだろうか．そして，星間分子雲で作られた分子はどのように惑星系にもたらされるのか．これらの問いに答えない限り，太陽系の化学的起源に迫ることはできない．そのアプローチに欠かせない電波観測について次節で述べる．

6.3　電波観測

　物質は，その温度に応じた電磁波 (光) を自ら放出している (図 6.2)[3]．太陽の場合，表面温度はおよそ 6000 K なので，波長が 500 nm 程度の可視光を強く放射している．一方，星間分子雲は，内部にガスや塵を温める熱源がないため，おおむね絶対温度 10 K (摂氏 −263 度) という極低温状態にある．そのため，放射のピークは電波から遠赤外線のあたりになる．その意味で，星間分子雲は，そもそも可視光の望遠鏡で見るには適さず，電波望遠鏡での観測が主となる．

　一方で，トンネルの中で用いられているオレンジ色のナトリウムランプなどでも知られているように，原子・分子はある特定の波長の光を吸収したり放出したりする．それを**スペクトル線**という．たとえば，ナトリウムランプの光をスリットを通してプリズムで分光し，スクリーンに投影すると，波長 589.6 nm と 589.0 nm の光が「線」のように現れるからである[4]．吸収・放射する光の波長は原子・分子ごとに異なっている．気体の分子の場合，自身の回転運動が引き起

---

[3] 電磁波がさまざまな波長で連続的に放射されていることから，連続波と呼ばれる．

[4] 上で述べた連続波と異なり，放射される電磁波の波長は飛び飛びの値をとる．

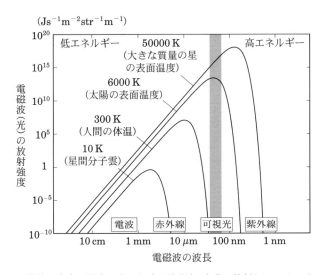

図 6.2 物体は自身の温度に応じた光 (電磁波) を常に放射している．その波長と強度の関係を表したグラフ (プランクの黒体輻射)．温度が高い物体ほど，短い波長の光 (エネルギーが高い光) を強く放射する．灰色は可視光の範囲を示す．

こす吸収・放射はおもに電波 (マイクロ波) の波長領域で起こる．これを回転スペクトル線と呼ぶ．大雑把に言って，重い分子になるほど回転スペクトル線の波長は長い．たとえば，一酸化炭素 CO は，波長 3 mm にその基本となるスペクトル線が現れる．一方，シアノアセチレン (HC_3N) の場合は，対応スペクトル線の波長は 3 cm である．どの原子・分子がどの波長を吸収・放射するかは実験室での実験で精密にわかっている．したがって，電波を分光して観測することで，星間分子雲に存在するさまざまな分子種が間違いなく同定できる．

それだけでなく，技術的にも電波観測には利点が多い．電波は電磁波の中で可視光と並んで大気透過力が高いので，地上の大口径望遠鏡で観測できる．さらに，電波の場合，波長分解能が非常に高く，$\lambda/\Delta\lambda$ (λ は波長，$\Delta\lambda$ はその測定される幅) として，数千万以上が容易に達成できる．可視光や赤外線の観測では数千から数万程度が一般的であることを考えると，いかに細かく分光できるかがわかる．個々の分子種のスペクトル線を切り分けてその波長を正確に測定することができるため，電波は他の波長の光に比べて圧倒的に高い物質同定能力を持つ．また，星間分子雲は，太陽系に対して相対的に運動している．その結

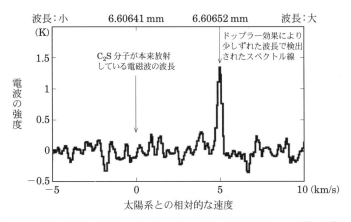

図 6.3　電波望遠鏡で受信した電磁波を波長ごと (周波数ごと) に分解 (分光) して得られるデータ．おおかみ座にある星なし分子雲コア Lupus-1A から放射されている C_2S 分子のスペクトル線が，波長 6.60652 mm のところに検出されている．Lupus-1A は太陽系から毎秒 5 km で遠ざかっているために，ドップラー効果でこのようにずれて観測される．

果，ガスから放出されるスペクトル線が本来の波長よりも少しだけずれた波長で観測される．ドップラー効果のためである．図 6.3 は，おおかみ座にある分子雲 (Lupus-1A) で C_2S という分子が出した電波を検出したものである．本来 C_2S 分子が放出する波長よりも少しだけ長い波長のところに強度のピークがあることがわかる．Lupus-1A という分子雲コアが太陽系から秒速 5 km で遠ざかっていためにこのように見えるのである．この速度を天体の視線速度と呼んでいるが，これを調べることで，信号が目的の天体から放射されたものであることが確認できる．星が誕生する過程では，星間ガスは雲の中で静止しているわけではなく，自己重力で収縮を始めるなど，さまざまな動きをしている．したがって，このドップラー効果を利用すると，物質を同定するだけでなく，その物質がどのような速さでどのような方向に運動しているのかという情報も得られる．このようにして，分子の運動の様子から星の誕生過程を探ることができる．加えて，このようなスペクトル線を何本か測定してその強度を解析すると，その分子の存在量や温度も知ることができる．

一方で，電波観測には弱点もある．それは，一つの望遠鏡で解像できる大きさ

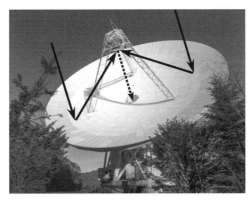

図 6.4 長野県 野辺山にある国立天文台野辺山 45 m 電波望遠鏡 (2014 年 5 月撮影). 矢印で示すように, 宇宙からの電磁波 (光) を集める.

(空間分解能) がどうしても限られてしまうことである. 望遠鏡の空間分解能は観測波長に比例し, その口径に反比例する. たとえば, 可視光で観測する世界最大級の望遠鏡, すばる望遠鏡 (ハワイ島, 口径 8 m) では 0.2 秒角の分解能が達成できる. しかし, 電波望遠鏡の場合, 国立天文台野辺山 45 m 望遠鏡 (図 6.4) を用いても, 波長 3 mm の観測では 20 秒角しか分解できない. 解像度が 100 倍悪いのである. 世界最大の可動式電波望遠鏡でもその口径は 100 m[5] なので, そのままでは可視光の望遠鏡の分解能には到底及ばない. 星が生まれる母体となる星間分子雲を観測する場合, 数十秒角の分解能があれば十分であるが, 星が誕生し, 原始太陽系が形成される場所を見ようとするとこれでは足りない. 地球と太陽の距離を 1 au (**天文単位**) として, 太陽系全体の大きさはおおむね 100 au である. 太陽系から比較的近い星間分子雲までの距離は 100–300 pc (1 pc は約 3.3 光年, 約 20 万 au) なので, そこで太陽系程度の大きさの原始惑星系円盤があったとすると, その見かけの大きさは角度にして 0.3–1 秒角程度になってしまうためである.

この問題を解決するために, 電波干渉計という手法が用いられている. 二つのアンテナで得られたデータを電気的に繋げて「干渉」させ, その干渉縞を解析す

---

[5] アメリカ国立電波天文台の Robert C. Byrd Green Bank Telescope (GBT) やドイツ・マックスプランク研究所の Effelsberg 100 m Telescope など.

ることで天体の画像を得る方法である[6]．この方法では，アンテナ間の距離に相当する口径の望遠鏡と同等の空間分解能が得られる．たとえば，アンテナを200 m離して設置すれば，200 mの口径の望遠鏡と同じ空間分解能になる．この手法を用いることで，大口径望遠鏡に比べて感度は落ちるものの，分解能は飛躍的に向上する．星間分子雲に豊富に存在する分子種であればその分布や運動を数百auスケールで調べることが可能になっている．

6.4 星の誕生と化学進化

1980年代，いくつかの代表的分子でいろいろな星間分子雲を見てみると，星間分子雲ごとに分子の見え方が違うこと，すなわち，化学組成が異なることがわかってきた．当初，このような天体ごとの化学組成の違いは，天体の物理状態，あるいは特殊性によるものと考えられた．しかし，さまざまな天体，とくに星がまだ誕生していない**分子雲コア**[7]の観測が進んでくると，物理状態に差はなくても化学組成が大きく異なることが示されるようになった．前述のように，星間空間は地上に比べて非常に密度が低いため，一つの分子はせいぜい数日に一度しか他の分子と衝突しない．その結果，星間分子雲では化学組成が平衡状態に達するのに数十から数百万年もの時間がかかる．一方で，分子雲が重力収縮して星を誕生させるタイムスケールも同程度なので，分子雲コアの化学組成は，その進化段階ごとに異なることになる．このことに着目して，鈴木らは化学モデルを用いて化学組成の時間発展を計算した[3]．その結果，有機分子，なかでも炭素鎖分子と呼ばれる，炭素が直線状に連なった極端に不飽和な分子 (C_nH や C_nS, HC_nN など) が，若い「年齢」の段階で豊富になることを指摘した．希薄な星間雲では，星間紫外線が雲を透過し，分子が壊されてしまう．このため，炭素はおもに炭素イオンまたは炭素原子として存在する．密度が上がって星間分子雲になると，炭

---

[6] 高校物理で習うヤングの干渉実験を思い出されたい．点光源に対して二つのスリットを置くとその先に置いたスクリーン上に干渉縞ができる．光源が点源でなく大きさを持っている場合，干渉縞はぼやけてしまう．光源の位置がずれると，干渉縞の位相がずれる．光源が観測している天体，スリットがアンテナと考えると，干渉縞から光源の大きさや位置の情報が得られることがわかる．

[7] 分子雲の中でも密度が高い場所で，星形成の母体となるもの．星なしコアとも呼ぶ．

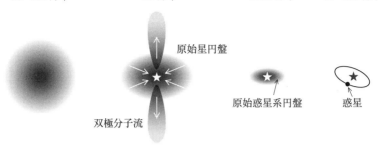

図 6.5 太陽程度の質量の星の誕生過程. 原始星が誕生した後, その 10 倍から 100 倍の時間をかけて原始惑星系が作られると考えられている. この進化に伴った化学組成の変化 (化学進化) の研究はまだ始まったばかりと言っても過言ではない. 太陽系の化学的な起源はまだほとんどわかっていないのが現状である.

素原子は酸素を含む分子と反応して安定な一酸化炭素分子 CO に徐々に変換されていく. しかし, まだ若い分子雲コアでは炭素原子が多く残っているため, 炭素が連なった炭素鎖分子も効率よく作られるのだ. 炭素鎖分子は原料となる炭素原子がなくなると生成されないため, 分子雲の進化が進んで炭素原子が CO に固定されてしまう段階では少なくなってしまう. 一方で, NH_3 や N_2H^+ などの窒素を含む分子は, 窒素原子の関与する反応の反応速度が遅いこともあり, 星なしコアの後期段階や, 星が誕生し始めているコアで豊富に存在する. このようなメカニズムで化学組成の系統的な違いが生じることが, 1990 年代から 2000 年代にかけてわかってきた.

図 6.5 に, 太陽程度の質量の星の進化段階を示す. 大きく四つの段階に分けられ, (4) は主系列星に達した段階である. その前の三つの段階 (1)〜(3) のうち, (1) の段階の化学進化については, 上で述べたようにかなりよくわかってきている. 一方で, 我々の住む地球の原始環境を考える上で最も重要なのは, 星 (原始星) が誕生してから**原始惑星系**が誕生する (2) から (3) の段階である. この段階の化学進化については, まだわからないところがたくさんあり, 現在の研究のフロンティアとなっている.

星間分子雲には, ガスとともに**星間塵**も存在している. そのため, 温度が低い

まま密度が上がってくると，分子が星間塵へ吸着(塵表面に凍りつくこと)してしまう．水素分子，ヘリウム原子以外で最も存在量の多い CO 分子も吸着されるので，分子雲の化学組成に大きな影響を及ぼす．さらに，吸着された分子は，星間塵を触媒として他の吸着分子と化学反応を起こす(**星間塵表面反応**)．そのようにして作られた分子は，分子雲の温度が低いときには星間塵に吸着されたままであるが，原始星が誕生するとそれに伴って周囲の分子雲の温度が上昇し，ガスとして蒸発してくる．そのため，原始星周辺の化学組成は局所的に大きく変化することになる．そのような領域の大きさは，太陽質量程度の原始星の場合には一般に小さく，それをとらえようとすると高空間分解能観測が要求される．たとえば，メタン CH_4 は星間塵表面に比較的豊富に存在する分子である．それは星間塵に吸着した炭素原子に水素原子が反応してできる．この分子は，絶対温度 30 K 程度で蒸発するが，その蒸発領域の大きさは，原始星を中心として半径数百から 1000 au 程度である．また，星間塵表面における主要分子である水分子 H_2O の場合，蒸発温度は絶対温度で 100 K 以上にもなる．このため，原始星近傍のわずか数十 au の領域で，H_2O の蒸発に伴って大きくガスの化学組成が変化している可能性が非常に高いと考えられる．そのような小さな領域で，スペクトル線の強度が非常に弱いさまざまな分子の振る舞いを調べなくてはならない．これが，星の誕生後の化学進化を追うことの難しさである．

　原始星から惑星系への化学進化を調べるもう一つの方法は，我々の太陽系の起源を調べることである．地球に降ってくる隕石を調べたり，「はやぶさ」による小惑星探査などで，太陽系形成時の痕跡をとらえ，それをもとに，太陽系が形成された過程を明らかにしようとしたりするアプローチである．この方法は，惑星探査技術の発展，微量分析技術の進歩で今後ますます発展するであろう．しかし，このアプローチと，誕生しつつある原始星を調べる天文学からのアプローチは，まだほとんど繋がっていない状態にある．その繋がりの細い糸を一つひとつ見つけ出していくことが太陽系の起源の理解のためにとても重要なのである．

6.5　化学的多様性の発見

　2000 年代に入り，太陽質量程度の原始星(へびつかい座の原始星 IRAS16293-2422) 近傍から，$HCOOCH_3$ などの複雑な有機分子(**飽和有機分子**)が検出され

て話題となった [4]. 電波干渉計による高感度・高空間分解能観測の結果, 原始星から数百 au の距離の場所に局在していることがわかった. これらの有機分子は, 星の誕生に伴う温度上昇に伴って星間塵表面から蒸発してきたものと見られる ("小さなホットコア"の化学, Hot Corino chemistry). 原始星近傍の数 100 au の領域に存在しているということは, それらの分子がいずれは惑星系にもたらされる可能性を意味しており, 先の太陽系有機物質との関連でも大きく注目された. 筆者らも別の非常に若い太陽型原始星 (ペルセウス座の原始星 NGC1333IRAS4B) で観測を行い, 大型有機分子 $HCOOCH_3$ の検出に成功した [5]. この結果は, 大型有機分子がより"一般的"に太陽質量程度の星の形成領域に存在することを示しただけでなく, 原始星進化のごく初期段階ですでに生成されていることを明らかにした点で大きな意義があった.

一方で, このような分子種がどこの原始星にも存在しているわけではないことも明らかになった. おうし座方向にある原始星 L1527 を観測したところ, こちらではさらに高感度の観測を行ったにもかかわらず, $HCOOCH_3$ などの有機分子が検出されなかったのである. 代わりに, さまざまな炭素鎖分子のスペクトル線が非常に強く検出された. 上述したように, 通常, 炭素鎖分子は原始星が誕生する前の若い段階で豊富に存在し, 原始星が誕生しているところでは少なくなることが知られていた. このため, L1527 で炭素鎖分子が豊富に存在することは大変な驚きであった. ただちに国内外の大口径電波望遠鏡や電波干渉計による追観測を行ったところ, IRAS16293-2422 や NGC1333IRAS4B などの原始星の周囲ではやはり炭素鎖分子は少ないことが確認された. 一方で, L1527 ではたしかに原始星まわりの暖かい領域に炭素鎖分子が分布していることもわかった. 原始星周りで星間塵から CH_4 が蒸発し, それがもとになってさまざまな炭素鎖分子を生成していると見られる. 筆者はこの現象を「暖かい炭素鎖化学 (warm carbon-chain chemistry)」と名付けた. このように, L1527 とこれらの原始星は同じような進化段階にあるにもかかわらず, その周囲のガスの化学組成が大きく異なっていることがわかった.

なぜ, このような化学組成の違いが生じるのか. それは星間塵表面の氷層に含まれる物質の組成に由来すると考えられる. 筆者らは, 原始星が誕生する前の時代に, どのようにして星間塵氷層の組成に違いが生まれたのかについて研究を進

めた.その結果,希薄な星間雲から分子雲となり,重力収縮して星が誕生するまでの時間の長さの違いが原因である可能性を示した.個々の原始星は,近くにある別の星や,領域全体の乱流や磁場の影響などを受けてそれぞれ物理的環境が異なる.このため,原始星が誕生するまでの時間は必ずしも同じにはならない.この過去の履歴が,星間塵氷層の化学組成として保存され,星の誕生後に改めて大きな変化として現われることが明らかになった [6].天体の化学組成を調べるということは,物質進化を知るという面白さ以外にも,天体の物理的進化の歴史を知るための手段としての面白さもあるのだ.

6.6　原始惑星系円盤へ —— ALMA 望遠鏡

　原始星周囲のガスの化学組成が天体によって大きく異なるということは,それが惑星系まで保持されるとすれば,我々の住む太陽系の環境が,飽和有機分子の豊富な原始星,あるいは炭素鎖分子の豊富な原始星,どちらの(あるいはどちらに近い)過程を経て作られたのかという新しい問題を提起する.しかしながら,原始星周りの化学組成の違いがそのまま原始惑星系円盤へ受け継がれるのか否かについては,それぞれの化学組成の原始星の進化形と考えられる天体を探し,その化学組成と分布をつぶさに調べ上げていかねばならない.これには,非常に高い空間分解能と感度が要求され,既存の望遠鏡ではほぼ不可能であった.しかし,巨大電波干渉計 ALMA が稼働し始めた今,このような研究の展開が現実のものとなりつつある.

　ALMA は,北米,欧州,東アジアの三極の共同プロジェクトとして,南米チリのアタカマ砂漠,標高 4800 m の高地に口径 12 m アンテナ 54 台と口径 7 m アンテナ 12 台,合計 66 台のアンテナ群からなる巨大電波干渉計で,電波天文者の夢の望遠鏡である(図 6.6).ミリ波からサブミリ波に至る波長で,ほぼすべての観測可能波長帯を観測でき,空間分解能は最高 0.01 秒角で可視光の望遠鏡よりも 1 桁高い.感度も現存のミリ波サブミリ波の干渉計や大型望遠鏡を 1 桁以上凌駕する.これは,観測時間にして 100 倍以上の効果がある.2011 年に初期運用が開始され,2014 年には本格運用が始まった.ALMA を用いることで,現存の望遠鏡では観測することのできなかった,複雑な分子のスペクトル線の分布を,数十〜100 au の空間スケールで調べられ,原始惑星系円盤における物質進

図 6.6　南米チリアタカマ砂漠,標高 4800 m のサイトに建設された ALMA 望遠鏡 (2013 年 3 月撮影).

化の様子を明らかにすることができる.

　2012 年に,おうし座の原始星 L1527 を ALMA の初期運用 (22 台のアンテナ) で観測した.図 6.7 に c-C_3H_2 という分子 (炭素鎖分子の仲間) の分布を示す.左の図は,2008 年にフランスの PdBI (Plateau de Bure Interferometer) という電波干渉計で,同じ領域の同じ分子の分布を観測した結果を等高線で表したものであるが,中心方向 (原始星の方向) で,強度が少し弱くなっている様子がわかる (図 6.7,中央の四角).PdBI では分解能が 3～4 秒角程度とあまり良くないために細かい構造が見えず,弱くなっている原因は不明であった.しかし,ALMA の初期運用では,ここを 1 桁高い分解能で観測することができた.その結果,原始星から 100 au 以内の場所に原始星円盤が誕生しつつあり,円盤の端で化学組成が大きく変化していることがわかった [7].構造が作られたこと,および,円盤形成に伴って化学組成が変化し,炭素鎖分子の存在量が大きく減ったことが PdBI で中心方向の強度が弱く観測された原因であった.

　ALMA は,空間分解能だけでなく,アンテナ数が多いために感度も非常に高い.そのため,波長方向にスペクトル線を細かく分解 (分光) して電波を解析することができる [8].その結果が図 6.7 (左下) に示してある.右上の図の破線に

---

[8] 十分な強度でスペクトル線が検出されている場合のみ,詳細に分光してもその強度が弱くなりすぎない.そのため,分子の運動の様子をドップラー効果から調べることができる.

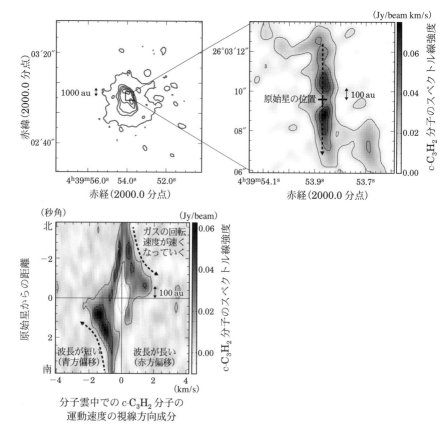

図 6.7 (左上) PdBI で観測したおうし座の原始星 L1527 における c-C_3H_2 分子の分布の様子. 分解能は 500 au 程度. (右上) ALMA の初期運用観測で得られた c-C_3H_2 分子の分布. 分解能は 100 au 以下. (左下) ALMA で得られたデータを波長ごとに分光したもの. ガスが運動しているため, ドップラー効果で場所ごとに波長がずれて観測される. 太陽系から見ると L1527 の円盤は真横から見えるため, このような回転速度の情報が得られる.

沿って，位置ごとに c-C_3H_2 分子のスペクトル線の強度を波長分解 (分光) したものである．北側から原始星の方向に近づくにつれて，強度のピークの波長が長く (赤方偏移)，南側から近づくと波長が短く (青方偏移) なっていく様子が見て取れる．原始星の周りを回転しながら落下していくガスを真横から見ると，このように原始星に対して片側が赤方偏移し，もう片側が青方偏移して見える．原始星に近づくにつれて回転速度が速くなっているのは，角運動量保存のためである．フィギュアスケートの選手が，手を広げて回転しているときはゆっくり回転し，手を回転軸である体の近くに寄せると急激に回転速度が速くなる現象を想像するとわかりやすい．

さらに興味深いことに，原始星から約 100 au の距離の付近で，突如 c-C_3H_2 分子からの電波が弱くなり，見えなくなってしまっていた．右上の図でも，原始星の方向で強度が弱くなっていることがわかる．つまり，c-C_3H_2 分子は，回転しながら原始星へ向かって落ち込んでいくものの，半径 100 au の位置で止められてしまい，それ以上内側へガスの状態では持ち込まれていないことがわかったのである (こちらも角運動量保存が原因と考えられる)．この原始星では，半径 100 au の内側で原始星円盤ができつつあるため，円盤の中と外で化学組成が大きく異なることが明らかになった．このような化学変化は，これまで観測的にも理論的にもまったく予想されていなかった．ALMA を用いた高感度・高空間分解能の観測で，どのような分子がどのような形で円盤に持ち込まれていくのかがさらに詳細に明らかになっていくと期待される．

6.7 太陽系の奇跡

太陽系がどのような環境で生まれたのか，その環境はどれだけ普遍的，もしくは奇跡的なものであったのか．これまでも，物理進化のみを考えた場合については，かなり研究されてきたと言ってよい．たとえば，「銀河系の中だけでもどのくらい多くの恒星が惑星系を伴っているのか」「少なくとも，太陽と同程度の重さの星であれば，かなりの確率でそこには惑星があり，中には地球のような岩石惑星もあるだろう」そのような議論が組み立てられてきた．ここ 10 年ほどの進歩であるが，実際に観測で岩石惑星と思われる天体を伴う星も発見されつつある．銀河系にある恒星の数は数千億個とも言われていて，この中に生命の存在する惑

星を持つ恒星が太陽以外にあったとしても何ら不思議ではない．そう簡単に考えてしまうのも当然である．しかしながら，筆者は，こういった"数の論理"的考えは物質進化という観点をほとんど無視していると思う．その理由を少し考えてみよう．

図 6.2 に示したのは，物質がその温度に応じて放射する電磁波の強度のグラフである．**プランクの黒体輻射**といわれるもので，関係式そのものは少しややこしいが，現象としては良く知られている現象を表している．夜空に光る恒星を見ていると，いろいろな色をした星があることに気づくだろう．赤っぽい色をした星，青っぽい色をした星，黄色い星．これらは，6.3 節でも説明したように，それぞれの天体の温度の違いによって違う色に見えている．星の表面温度が高いと波長の短い光をより強く放射するため青っぽく見え，低いと波長が長い光をより強く放射するため赤っぽく見える．太陽の場合はオレンジ色で，先に述べたように可視光の波長に放射のピークがある．波長が短い光はエネルギーが高く，長い光はエネルギーが低い．

エネルギーの単位として eV (電子ボルト) を用いて表して見よう．光のエネルギーは，1240/(波長 [nm]) eV で計算される[9]．これを用いると，太陽からの光は，波長が 500 nm 程度が最も強いことから，エネルギーに換算して 2.5 eV 程度の光であることがわかる．実は，この数字が絶妙な値なのである．植物の光合成のように，地上の生命は，おもに太陽光を化学反応に用いてさまざまな分子の組み換えを行うことで成り立っている．この，反応に必要なエネルギー (分子の中の価電子を励起させるのに必要なエネルギー) の大きさが，2.5 eV 程度なのである．この値は，原子や分子の性質という非常に根本的なところで決まっている値で，宇宙全体どこでも変わらない．つまり，宇宙のどこであろうとも，星からの光のエネルギーを化学反応に効率よく用い，物質を進化させていくためには，500 nm 程度の光を放射する天体が近くに存在しなければならないのである．太陽よりも表面温度が高い星の場合，そこからの光のエネルギーは化学反応には高くなりすぎてしまい，むしろ分子の破壊を起こしてしまう．たとえば，炭素と水素の結合 (C–H 結合) は，2.5 eV よりもわずかに高いだけの 4–5 eV の光で簡単に壊されてしまう．一方で，表面温度が低い星の場合，エネルギーがさまざまな

---

[9] $E = hc/e\lambda$ の関係から計算．

化学反応を起こすには足らず，効率よく分子の進化が起こらない．表面温度は，(主系列星の場合) おおむねその星の重さによって決まっているため，「太陽程度の重さの星」というのが，分子の進化にきわめて重要であることがわかる．太陽系で分子が生命へと進化できたことは，単なる偶然ではなく，こうした必然があるのだ．

　さらに，重い星の場合は，太陽よりも寿命が圧倒的に短くなってしまうことも問題である．分子が生命へと進化するのには何億年という時間を要する．これだけの長い時間，安定した環境に惑星系が存在し続けなくてはならないのだ．恒星の質量は，その恒星が持っている "燃料" の量とも言い換えられる．したがって，恒星の寿命は質量に比例するのだが，一方で，その星の明るさ (光度) に反比例する．光度を燃料の消費の割合と考えるとわかりやすい．星の明るさは，その星の質量の3〜5乗に比例することが知られているため，たとえ燃料が多かったとしても，燃え尽きる時間は質量の2〜4乗に反比例してしまうのだ．太陽の10倍の質量の恒星は，太陽の1000分の1程度，つまり1000万年程度しか寿命がないことになる．これでは，原始惑星系円盤から惑星系が作られる前に中心の星が死んでしまうため，"惑星における物質進化" は起こりようもない．実は，たとえ太陽と同じ重さの星だったとしても，連星系の場合は，惑星が安定した軌道をまわらず不安定になってしまう．この場合も，やはり物質進化が阻害されてしまう．

　距離も重要な点である．地球は太陽から程良く離れた軌道を回っているのだ．これは，最近では**ハビタブルゾーン**という名前などで良く知られていることであるが，太陽に近すぎると温度が高くなりすぎてしまい，生命に絶対不可欠な液体としての水が存在できない．一方で遠すぎると温度が低くなりすぎてしまい，たとえ水があったとしても氷に閉ざされた惑星となってしまって，分子進化が起こりにくい．長期間，液体の水が存在するような環境が重要なのである．太陽そのものも，銀河系の中で大変良い場所にある．銀河系の渦巻き状になった腕の間の，星が比較的少ない場所に位置しているのだ．もし太陽系が銀河系の中心に近かったとすると，密集した星の中にいることによってさまざまな影響を受ける．たとえば，ガス雲を通過して高温になりすぎたり，星の爆発などで，強い放射線にさらされたりするだろう．近くにある星によって，地球の軌道にズレが生じる

線の太さが
大気の厚み

図 **6.8** 地球大気の厚さ．細い線の太さが大気の厚みに相当する．ほとんど見えないほど線が細いことから，私たちが住む"地上の世界"がいかに薄い層に存在しているかがわかる (地球画像：NASA/Goddard Space Flight Center Scientific Visualization Studio).

可能性もある．"波長 500 nm の光を，水が液体で存在し得る場所で浴び続ける"ことがどれだけ難しいことか想像できるだろう．

そして，本章でも紹介した，原始太陽系の化学組成の問題である．太陽と同じような質量の恒星で地球と同じような岩石惑星が誕生したとしても，その化学組成は同じではない可能性が，最新の電波観測から明らかになってきたのである．星がどのような環境でどれだけの時間をかけて誕生したかによって，将来の惑星系の化学組成が変わってしまう可能性があるのだ．

私たち天文学者は，大気によって星からの電波が吸収されてしまうのを避けるために，標高 5000 m の山の上に巨大な望遠鏡群を作り上げた．空気が"地上"の約半分になってくれるからだ．人間が作業するには大変であるが，観測にはありがたい．しかし，裏を返せば，たった 5 km 登るだけで空気が半分になってしまう，つまり，地球における空気の層がわずか数十 km 程度しかないということを明瞭に示しているのだ．地球の半径はおよそ 6400 km である．640 分の 1 の薄さである (図 6.8)．私たちがいかに薄い大気の下で這いつくばって生きているのかが実感できる．この大気の厚さにも，すばらしき必然が潜んでいる．もし，もう少し厚い大気だったとしたら．温室効果によって灼熱の環境になってしまうかもしれない．もし，もう少し薄い大気だったとしたら．太陽から可視光と同時

に放射される紫外線にさらされ,生命にとっては過酷な環境となるだろう.この大気の厚みは,地球が誕生したときに地球内部から出てきたガスの量でおおむね決まったものである.こうして考えてみると,現在私たちの住む地球環境が,すばらしく奇跡的な状態の積み重ねで成り立っていることがよくわかる.

　はるか遠い宇宙の観測は,実社会とはかけ離れている.経済とも直接の関係はほとんどないと言ってよいだろう.しかし,宇宙の深い理解は,私たちの宇宙の中での価値を教えてくれる.それは,広い意味で社会を豊かにしていると言えるだろう.そのことを心に留めて,太陽系の起源に一歩一歩迫っていきたいと思う.

参考文献

[1] D. M. Rank, *et al.*, *Science*, **174** (1971) 1083.
[2] G. Duvert, *et al.*, *Astronomy & Astrophysics*, **164** (1986) 349.
[3] H. Suzuki, *et al.*, *Astrophysical Journal*, **392** (1992) 551.
[4] S. Cazaux, *et al.*, *Astrophysical Journa*l, **593** (2003) L51.
[5] N. Sakai, *et al.*, *Publication of Astronomical Society of Japan*, **58** (2006) L15.
[6] N. Sakai, and S. Yamamoto, *Chemical Review*, **113** (2013) 8981.
[7] N. Sakai, *et al.*, *Nature*, **507** (2014) 78.

[第7章]

太陽系の起源

小久保英一郎

7.1 はじめに

　太陽系とは太陽と太陽の周りを公転する天体の集まりである．太陽系には水星，金星，地球，火星，木星，土星，天王星，海王星の個性豊かな 8 個の惑星と，小惑星，太陽系外縁天体，彗星という無数の小天体が存在する．これらの多様な天体はどのようにして誕生したのだろうか．太陽系の起源は現代天文学に残されている重要課題の一つであり，現在も勢力的に研究が進められている．現代天文学では，太陽系は太陽形成の副産物として形成された太陽周りの円盤，原始太陽系円盤から形成されたと考えられている．

　現在の太陽系形成シナリオの基本的な枠組は 20 世紀後半，旧ソビエト連邦のサフロノフ (V. S. Safronov) や京都大学の林 忠四郎の研究室によって考案された．彼らは観測することが不可能だった惑星系形成過程を，天体現象の素過程を理論的に解明し，それらを積み上げることによって描き出そうとした．これは大きな成功を収めている．それに続き，多くの研究者がより自然で現実的な太陽系形成シナリオの構築に努力してきた．20 世紀末になると観測技術の進歩によって，若い恒星の周りの原始惑星系円盤 (惑星系の形成現場) が観測可能になった．また，太陽系探査によってさまざまな物質科学的な情報がもたらされている．これらの成果によって太陽系形成の研究は実証的に進められるようになってきている．ここでは現在の太陽系形成シナリオの基本的な枠組について紹介しよう．

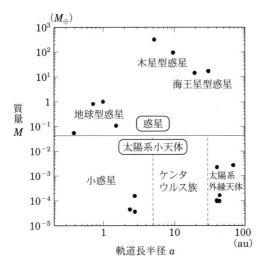

図 **7.1** 太陽系天体の軌道長半径–質量図．縦軸の単位 $M_⊕$ は地球質量．

7.2 太陽系の特徴 —— 美しい惑星系

まず，起源を考える上で重要となる太陽系の特徴について概観しておこう．

7.2.1 全体像

太陽系で惑星の存在する範囲は約 30 au (天文単位)，すなわち海王星の軌道までだが，小天体も含めるとその広がりははるかに大きい．太陽を中心とする公転が可能な範囲，つまり，太陽の重力が支配的な領域の広がりは，太陽の**潮汐半径**といわれる．これは太陽の重力が銀河系潮汐力よりも大きい範囲で，約 20 万 au になる．ここまでが太陽系で，そこには後で述べる**オールト雲**が広がっている．太陽系における質量分布と角運動量分布を見てみると，質量の 99.8％は太陽に集中しているが，角運動量の 99.5％は惑星の軌道運動にある．つまり，太陽系では小質量の惑星がほぼすべての角運動量を担っている．

太陽系には多種多様な天体が多数存在するが，それらは質量 (大きさ)，組成，軌道などによって分類されている．図 7.1 に太陽周りの公転運動をする天体についてまとめる．これらの天体は質量 (大きさ) から惑星と太陽系小天体に大別される．この他にも惑星や小天体の周りを公転する天体として，衛星や環が存在する．

表 7.1

惑星の種類	地球型	木星型	海王星型
別名	岩石惑星	ガス惑星	氷惑星
惑星	水星, 金星, 地球, 火星	木星, 土星	天王星, 海王星
存在範囲 (au)	0.4–1.5	5–10	20–30
質量 ($M_\oplus$)	~ 0.1–1	~ 100	~ 10
密度 ($\mathrm{g\,cm^{-3}}$)	~ 4–5	~ 1	~ 1–2
主成分	岩石, 鉄	水素, ヘリウム	水, メタン, アンモニア

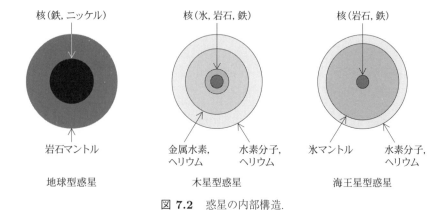

図 7.2　惑星の内部構造.

7.2.2 惑星

太陽系の惑星の定義は 2006 年に国際天文学連合によって定められた. いわく, 太陽系の惑星とは, (1) 太陽の周りを回り, (2) 十分大きな質量を持つために自己重力が固体としての力よりも勝る結果, 重力平衡形状 (ほぼ球状) をもち, (3) その軌道近くから他の天体を排除した, 天体である. (3) の条件によって冥王星が惑星から外れることになったのは記憶に新しい. この定義によって太陽系には 8 個の惑星が存在し, それらは組成から 3 種類に分類されている (表 7.1, 図 7.2). 内側から見ていこう.

小型の水星, 金星, 地球, 火星は**地球型惑星**もしくは岩石惑星とよばれる. 主

な組成は岩石と鉄で，質量範囲は約 0.1–1 地球質量．大型の木星と土星は**木星型惑星**もしくはガス惑星とよばれる．主な組成は水素とヘリウムで，質量範囲は 100–300 地球質量くらい．中型の天王星と海王星は**海王星型惑星** (天王星型とよばれることもある) もしくは氷惑星とよばれ，主な組成は水，メタン，アンモニア (このような揮発性物質を慣例で氷とよぶ) で，質量範囲は 15–20 地球質量となる．このように 3 種類の惑星では，組成，質量，軌道範囲で住み分けが行われている．

平均密度は組成を反映して，地球型 (約 $4–5\,\mathrm{g\,cm^{-3}}$)，海王星型 (約 $1–2\,\mathrm{g\,cm^{-3}}$)，木星型 (約 $1\,\mathrm{g\,cm^{-3}}$) の順に小さくなる．惑星内部は基本的に密度成層構造になっていて，密度の大きな核の周りに密度の小さなマントル，さらに地殻や大気がある (図 7.2)．

軌道長半径の分布範囲は約 0.4–30 au．すべての惑星の公転方向はそろっていて，太陽の自転方向と同じである．**軌道離心率**は水星を除き，すべて 0.1 以下で軌道は円に近い．また，太陽系の惑星の平均軌道面 (不変面) に対する**軌道傾斜角**も小さく，ほぼ 0.1 ラジアン以下である．つまり，太陽系の惑星の軌道は太陽を中心とした同一平面同心円ということができる．力学的に美しい構造をしている．

7.2.3 太陽系小天体

惑星以外の小型の天体は**太陽系小天体**とよばれる．惑星に次ぐ大きさの天体 (ケレス，冥王星，エリスなど) を準惑星と分類することもあるが，科学的意味は議論されている．ここではまとめて太陽系小天体として扱う．

図 7.3 に小天体の分布の概念図を示す．太陽系小天体は小惑星，太陽系外縁天体，彗星に大別される．これらは主に軌道によって分類されている．**小惑星**は木星軌道以内の小天体で，特に 2–3 au に集中していて，そこは小惑星帯とよばれている．現在 66 万個以上発見されているが，総質量は地球質量の 1000 分の 1 以下と見積もられている．

太陽系外縁天体は海王星軌道以遠の天体で冥王星もその一つである．冥王星以外では 1992 年に初めて発見され，現在までに約 1800 個発見されている．これまでに約 80 au にあるものまで観測されている．小惑星と太陽系外縁天体の間に

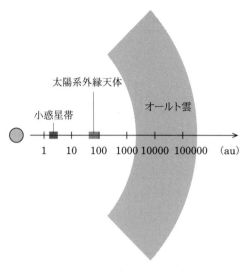

図 7.3 太陽系小天体の分布.

は少数だがケンタウルス族とよばれる小天体が存在する．これらの軌道は長期的に不安定なので，小惑星と太陽系外縁天体の間を遷移中の天体だと考えられている．

惑星と比較すると，小惑星や太陽系外縁天体の軌道離心率や軌道傾斜角の分布範囲は広く，大きな値をもつものが存在する．

彗星は正確には天体の軌道ではなく状態で分類されていて，小天体が揮発性物質の大気をまとった状態をいう．彗星は太陽系外縁天体やその外側に広がるオールト雲から太陽系内部に移動してきたものと考えられている．オールト雲は理論的に推測されている球殻状の彗星の巣で，太陽系外縁天体から連続的に太陽潮汐半径まで広がっていると考えられている．そこには 1 兆個ほどの彗星があると見積もられている．

7.3 京都モデル

このような特徴をもつ太陽系はどのようにして形成されたのだろうか．太陽系形成の現在の標準シナリオは京都モデルとよばれ，京都大学の林 忠四郎研究室で 1970–80 年代に全体像の枠組が構築された．**京都モデル**では後で述べるよう

に木星を形成するのにまず芯となる固体核を形成する．そのため**核集積モデル**ともよばれている．まず，京都モデルの本質である二つの仮説，**円盤仮説**と**微惑星仮説**について説明し，それから太陽系形成の出発点となる原始太陽系円盤の標準モデルについて紹介しよう．

7.3.1 円盤仮説

円盤仮説は，太陽系は太陽形成の副産物として形成された太陽周りの小質量の回転する円盤から形成された，というものだ．太陽系の元になった円盤を**原始太陽系円盤**とよび，一般には**原始惑星系円盤**とよぶ．原始太陽系円盤は太陽と同じ組成で，水素とヘリウムのガスに少量のダストが含まれている．円盤が小質量なのは惑星の全質量は太陽に比較して小さいからである．また，原始太陽系円盤から惑星が形成されると考えれば，惑星の軌道が同方向で軌道面がほぼそろっていることが自然に説明できる．

では原始惑星系円盤はどのようにして形成されるのだろうか．恒星は分子雲コアとよばれる低温のガスが重力によって収縮することで形成される．分子雲コアが自転していると，自転軸にそった方向には重力で収縮できるが，自転軸に垂直な方向には遠心力がはたらき，ある程度以上収縮するとそれ以上収縮できなくなってしまう．このようにして自転しているガスが収縮すると自然に恒星と円盤という構造が形成される．つまり，太陽形成の際に太陽に落ちきれなかった物質が原始太陽系円盤となるのだ．

1980年代以降，電波，赤外線，可視光によって若い恒星の周囲に原始惑星系円盤が観測されている．京都モデルでは観測的に原始惑星系円盤が発見される前に，理論的に円盤の存在を推測していた．理論研究が先行するすばらしい例である．

7.3.2 微惑星仮説

京都モデルでは惑星のマクロな構成単位として，固体小天体である微惑星を考える．すなわち円盤中のダストからまず微惑星が形成されるとする．そして微惑星の集積によって固体惑星(地球型惑星，海王星型惑星)が形成される．木星型惑星は，まず微惑星集積によって固体核を形成してから，固体核が自己重力で円

盤からガスをまとうことで形成される．このように木星型惑星を形成するのに，核形成とガス降着という2段階で考える．

　微惑星仮説では，自然に太陽組成より多く重元素を含む惑星が形成される．太陽系では地球型惑星や海王星型惑星はいうに及ばず，木星型惑星でも太陽組成よりも重元素が濃縮している．

7.3.3　原始太陽系円盤の標準モデル

　原始太陽系円盤の作業仮説である標準モデルは，**最小質量円盤モデル**とよばれる．これは現在の太陽系の惑星の固体成分の分布からダスト分布を再構成したモデルで，最低これだけのダストが必要という意味でこのように名づけられた．発案者の名前から**林モデル**とよばれることもある．現在の太陽系を1個の惑星の軌道を含む適当な幅の円環状に8分割し，個々の領域で惑星の固体成分を円環面積で割ることでダスト面密度を計算し，円盤半径のべき分布で近似する．こうすると，ダストの面密度が簡単なべき分布(円盤半径の$-3/2$乗に比例)で表現されて使いやすい．ガス成分は太陽組成を仮定して，ダスト成分の約100倍とする．現在の太陽系近傍の星間雲でも同じような比率になっていることが観測からわかっている．そうすると円盤の質量は約100分の1太陽質量になる．

　ダストの大きさは0.1–$1\,\mu m$くらいで，主成分は太陽からの距離によって変化する．円盤温度がH_2Oの昇華温度(約$170\,K$)になるところは**雪線**とよばれ，これより内側ではH_2Oは水蒸気に，外側では氷となる．よってダストの主成分は雪線の内側では岩石質，外側では氷質になる．つまり，雪線は岩石天体と氷天体の形成位置の基本的な境界となり，標準モデルでは約$2.7\,\mathrm{au}$の位置になる．

　ダストの元になっている重元素は，太陽の前世代の恒星が核融合によって作り出したものだ．つまり，ダストは文字通り星くずであり，惑星は星くずから形成されることになる．

7.4　太陽系形成の標準シナリオ —— 星くずから惑星へ

　京都モデルを基礎とした現在の太陽系形成の標準シナリオは，大きく分けて，微惑星形成，原始惑星形成，惑星形成の3段階に分けられる．図7.4に原始太陽系円盤からの太陽系形成の標準シナリオの概念図を示す．

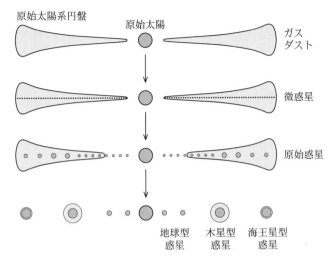

図 7.4 太陽系形成の標準シナリオ.

ダストから微惑星を経て惑星へ成長していく過程を**惑星集積過程**という．惑星集積過程は近年，スーパーコンピュータを使ったシミュレーションなどによって勢力的に研究され，基本的なことが理解されてきた．その結果を紹介しながら標準シナリオを詳しく見ていこう．

7.4.1 ダストから微惑星へ

標準シナリオでは，先に述べたようにダストから微惑星とよばれる第 1 世代のマクロな天体が形成される．微惑星とは普通，自己重力が効くようになった大きさの天体をいい，サイズは 1–10 km である．微惑星がどのようにダストから形成されるかは残されている問題の一つで，さかんに研究されている．現在，微惑星の形成には，大きく分けてダスト層の重力不安定とダストの付着成長の 2 種類のモデルが提唱されている．

ダスト層の重力不安定から見てみよう．ダストの運動は太陽重力と円盤ガスからの抵抗によって決まり，円盤赤道面に沈降しながら太陽に降着していく．ダストの沈降によって円盤赤道面にダスト層が形成される．ダスト層の密度が**臨界 (ロッシュ) 密度**を超えると，ダスト層は重力的に不安定になり，密度の粗密が成長し分裂する．この分裂片が重力によって収縮して微惑星となる．図 7.5 に微惑

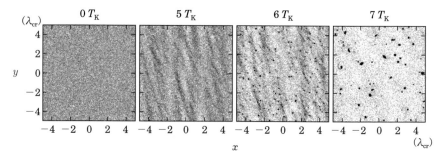

図 **7.5** 微惑星形成のシミュレーション．原始太陽系円盤の小領域を上から見ている (x と y は円盤の半径方向と回転方向)．左から $0, 5, 6, 7\,T_\mathrm{K}$ のスナップショット．T_K は公転周期．λ_cr は重力不安定の臨界波長．

星形成シミュレーションの例を示す．重力不安定で形成される微惑星の大きさは1–10 km，質量は 10^{18}–10^{21} g と見積もられている．組成は雪線の内側では岩石質，外側では氷質となる．その数は太陽系全体で 1000 億個にもなる．

　このモデルの長所は，ダストからいっきに微惑星を形成することができることにある．ダストはガス抵抗によってエネルギーを失い，太陽に向かって落ちていくが，1 m くらいの大きさになると 1 au のところから数百年で太陽に落ちてしまう．このモデルではこの危険な大きさを回避して，ミクロなダストから公転周期くらいの短い時間でマクロな微惑星を形成することができる．しかし，ガスのさまざまな不安定性によってガスに乱流が発生し，ダストの沈降を妨げ，重力不安定になるほど密度が大きくなれない，という問題点が指摘されている．最近は円盤の半径方向のダストの流れの不安定性によってダストを集めて微惑星を形成するというモデルも検討されている．

　ダスト層が重力不安定を起こさないなら，微惑星はダストの付着成長，つまり，1 対 1 衝突合体で形成するしかない．ここではダストが落ちる前にいかに速くダストを成長させるかが勝負となる．最近の研究によれば，氷ダストではダストの内部密度進化を考えると，太陽に落ちる前に微惑星を形成できる可能性がある．

　形成過程は不明だが，何らかの方法によってダストから微惑星が形成されたことは確実だと考えられている．現在の太陽系の小惑星や太陽系外縁天体の一部と彗星は微惑星の生き残りと考えられるからだ．

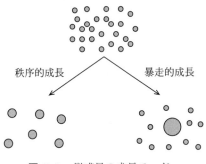

図 **7.6** 微惑星の成長モード.

7.4.2 微惑星から原始惑星へ

　微惑星は太陽の周りを公転しながらときどき衝突して成長していく．微惑星の運動は太陽重力，微惑星どうしの重力，円盤ガスからの抵抗によって決まる．太陽重力が支配的なので，基本的にはケプラー運動になる．ケプラー運動は軌道長半径，軌道離心率，軌道傾斜角で特徴づけられる．基準面円運動の速度からのずれをランダム速度とよび，軌道離心率や軌道傾斜角が大きいほどランダム速度は大きくなる．微惑星は微惑星どうしの重力によって軌道を乱し合い，ランダム速度 (軌道離心率と軌道傾斜角) は平均的に大きくなっていく．一方，円運動するガスからの抵抗はランダム速度を減少させる効果がある．両者の効果が釣り合うランダム速度を平衡ランダム速度といい，微惑星どうしの相対速度はこの速度程度になる．微惑星の衝突合体による成長ではランダム速度が重要な役割を果たす．

　成長には二つのモードが存在する (図 7.6)．1 つは秩序的成長とよばれるもので，すべての微惑星が同じように成長していく．もう一つは暴走的成長とよばれ，大きな微惑星ほど速く成長する．

　微惑星の成長モードがどうなるかは長らく問題だったが，シミュレーションによって初期は暴走的成長であることが確認された．これは微惑星の重力による引き付け効果のためである．微惑星の平衡ランダム速度はガス抵抗によって微惑星の脱出速度よりも小さく抑えられている．このとき質量の大きな微惑星ほど強い重力でより広い範囲から微惑星を引き寄せて衝突することができる．このために大きな微惑星ほど成長が速くなるのである．暴走的に成長する微惑星を**原始惑星**とよぶ．

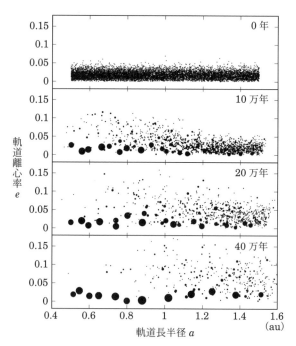

図 7.7 原始惑星の寡占的成長のシミュレーション．横軸は軌道長半径，縦軸は軌道離心率で，上から 0, 10 万, 20 万, 40 万年のスナップショット．丸の大きさは天体の大きさに比例．

　原始惑星の暴走的成長はいつまでも続くわけではない．実は原始惑星は周囲の微惑星の質量の約 100 倍まで成長すると，成長が鈍ってしまう．これは大きくなった原始惑星の重力散乱によって周囲の微惑星のランダム速度が大きくなってしまい，重力による引き付けが効きにくくなってしまうためだ．このような状況になると，原始惑星の成長モードは秩序的成長となり，後から暴走的成長をしてきた原始惑星が追いついてきて，隣り合う原始惑星どうしの質量はそろってくる．こうして，少数の原始惑星と多数の微惑星の二成分からなる系へと進化する．このとき原始惑星間には軌道反発という機構がはたらき，隣り合う原始惑星の軌道間隔は**ヒル半径** (公転する天体の重力圏の大きさ) に比例する間隔 (標準モデルではヒル半径の約 10 倍) に調整される．このように微惑星集積の後期では，複数の原始惑星が支配的に成長することになり，原始惑星の**寡占的成長**とよばれている (図 7.7)．

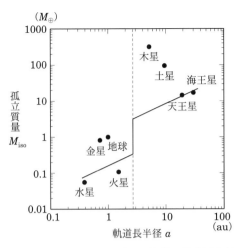

図 7.8　原始惑星の孤立質量．横軸は軌道長半径．

　原始惑星の最終的な質量は**孤立質量**とよばれる．孤立質量は原始惑星の軌道間隔の幅をもつ円環に含まれる微惑星の質量として見積もることができる．図 7.8 に原始太陽系円盤の標準モデルに原始惑星の寡占的成長モデルを適用した場合の原始惑星の孤立質量を示す．孤立質量は太陽からの距離が大きいほど大きくなる．これは外側ほど広い円盤範囲から材料物質を集めることができるためだ．また，孤立質量までの成長時間は太陽からの距離が大きいほど長くなる．これは外側ほど微惑星の個数密度が小さく，軌道周期が長いためである．これらの原始惑星の特徴から惑星形成の最終段階について考えることができる．

7.4.3　原始惑星から惑星へ

　原始惑星の形成までは，質量や成長時間の違いはあるが，太陽系のどこでも基本的に同じように進む．しかし，原始惑星から惑星の完成までの過程は惑星の種類によって異なる．

　地球型惑星から考えよう．地球型惑星は約 1 地球質量の金星と地球と，約 0.1 地球質量の水星と火星に分けることができる．地球型惑星領域の原始惑星の孤立質量は約 0.1 地球質量になっている (図 7.8)．原始惑星は円盤ガスが存在する間は軌道を乱さず，ほぼ円軌道を保ちながら公転を続ける．これは原始惑星どう

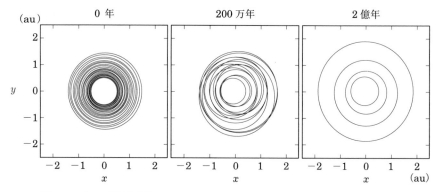

図 7.9 地球型惑星形成のシミュレーション．楕円は天体の軌道を表す．左から 0, 200 万, 2 億年のスナップショット．

しが重力で軌道を乱そうとしても，ガスからの重力的な摩擦によって円軌道に戻されてしまうためだ．しかし，原始惑星系円盤の観測から，ガスは約 1000 万年で散逸すると考えられている．ガスが散逸すると原始惑星どうしの重力によって徐々に原始惑星の軌道離心率が大きくなり，軌道が交差するようになる．そして，衝突が起こりさらなる集積が進んでいく．原始惑星どうしの衝突を巨大衝突という．金星と地球は約 1 億年かけて巨大衝突によって形成される (図 7.9)．そして，ほぼ原始惑星の質量である水星と火星は，原始惑星の生き残りであると考えられる．

　木星型惑星は原始惑星 (固体核) が重力で円盤からガスをまとうことによって形成される．木星型惑星の形成条件は，(1) 原始惑星の質量がガス降着の臨界核質量より大きい，(2) 原始惑星の成長時間がガス円盤寿命より短い，の二つである．臨界核質量とは暴走的に大量のガスを降着できる固体核の質量で，約 10 地球質量と見積もられている．原始惑星の孤立質量は外側ほど大きいので，条件 (1) から木星型惑星の形成可能領域の内側境界が決まる．また，原始惑星の成長時間は外側ほど長いので，条件 (2) から木星型惑星の形成可能領域の外側の境界が決まることになる．このようにして木星型惑星は円盤の限られた範囲にのみ形成されることになる．図 7.8 から木星と土星の領域では，原始惑星孤立質量が約 10 地球質量になっているのがわかる．天王星と海王星は，質量としては臨界核質量を超えているが，そこまで成長するのにガス円盤寿命よりも長くかかってし

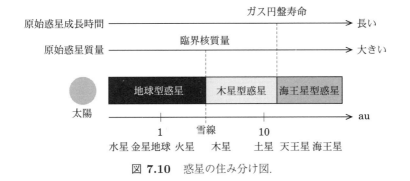

図 **7.10** 惑星の住み分け図.

まったため,ガスをまとえずに木星型惑星になれなかったと考えられる.つまり,海王星型惑星は木星型惑星になりそこなった氷原始惑星だと考えられる.図 7.8 を見てわかるように質量も合っている.

まとめると,上記の木星型惑星形成の条件を満たす領域にだけ木星型惑星が形成され,木星型惑星の内側には質量が小さすぎて木星型惑星になれななかった地球型惑星が,外側には成長時間が長すぎて木星型惑星になれななかった海王星型惑星が形成されることになる.このように雪線,原始惑星の質量と成長時間,つまりは太陽からの距離が自然に 3 種類の惑星の形成領域を決めている (図 7.10).各領域に形成される惑星の個数と軌道は基本的に軌道安定性で決まる.外側ほど惑星の軌道間隔が広いのは,太陽重力が弱く相対的に惑星重力が強くなるため,十分に軌道が離れていないと軌道が安定にならないためだ.

7.4.4 小天体の形成

これまでダストから惑星への集積過程を見てきた.では太陽系小天体の起源はどうなっているのだろうか.微惑星の形成までは惑星と同じで,その後の進化が異なることになる.現在の考えられている形成シナリオを紹介しよう.

小惑星帯ではまず,何らかの機構によって質量が減少した.これは太陽系形成の初期かもしれないし,木星型惑星が形成された後かもしれない.そして残っている天体は,すぐ外側の木星などの重力によってランダム速度が大きくなり,衝突しても集積できず破壊された微惑星もしくは原始惑星の破片と考えられる.

太陽系外縁天体は原始太陽系円盤の外縁で,微惑星の個数密度が小さく,集積

に時間がかかり過ぎて残っている微惑星と考えられる．さらに海王星の重力の影響でランダム速度が大きくなって，現在は衝突しても集積ではなく破壊が起きるようになっている．

また，オールト雲の彗星は木星型惑星や海王星型惑星の重力によって遠方に散乱された氷微惑星だと考えられる．遠方に散乱された直後は円盤状の分布をしているが，その後，銀河系潮汐力や近くを通過する恒星や分子雲の重力によって球状に混ぜられてしまうのだ．

つまり，基本的に小天体は何らかの理由で惑星まで成長せずに残っている微惑星や原始惑星もしくはその破片だと考えられている．この意味で小天体は原始太陽系の化石ということができ，太陽系形成時を知る手がかりとなるのだ．

7.5 残されている問題

標準シナリオは，大枠では物理的に自然に太陽系形成を説明できている．しかし，まだまだ残されている問題は多い．重要な問題をいくつか紹介しよう．

微惑星形成は未解決の重要課題である．重力不安定モデルも付着成長モデルもまだ完全ではない．微惑星形成の解明には原始惑星系円盤のガスの運動状態が鍵となる．今後のALMA望遠鏡などによる高分解能の円盤観測によって研究が進むことが期待される．

地球型惑星では，なぜ水星軌道の内側には惑星が存在しないのか，さらになぜ火星は小さいのか．これらの問題解決には円盤の初期進化や軌道の安定性が鍵となるだろう．木星型惑星と海王星型惑星には成長時間の問題がある．ガスをまとって木星型惑星になるためには，原始惑星 (固体核) はガス円盤が散逸する前，つまり約1000万年以内に臨界核質量に達しなくてはならない．上記の標準シナリオでは土星核の形成にこの時間の数倍かかってしまう (しかしこれは核が形成されたときにガスは散逸しつつあったので，土星はガス成分を木星ほど大量に捕獲できなかったということなのかもしれない)．また，海王星の成長時間は太陽系年齢 (約46億年) を越えてしまい，これは明らかに現在の太陽系と矛盾している．またこれらの惑星の形成位置がどのように決まったのかも不明だ．

ガス円盤の寿命は木星型惑星形成を制御する重要な要因であるが，その散逸過程の詳細はまだ不明な点がある．現在は，ガスは少なくとも太陽に近いところで

は太陽に降着し，太陽から遠いところでは太陽風や紫外線によって系外に吹き払われたと考えられている．

標準シナリオの仮定の見直しも行われている．標準シナリオでは惑星のその場形成を仮定している．すなわち惑星は形成中に大きく半径方向に移動しない．しかし，近年，原始惑星や惑星はガス円盤との重力相互作用で半径方向に移動する，特に太陽に向かって落ちる可能性が示唆されている．定量的にはまだ不明な点が多いが，動くことは避けられないようである．実際，海王星については，太陽系外縁天体の軌道分布から，より内側で形成されて現在の位置まで移動したと考えられている．現在，惑星の移動を取り入れた太陽系形成シナリオが考案されている．

原始太陽系円盤の標準モデルでは雪線を除けば連続的な分布を仮定している．しかし，惑星の離散的軌道分布や小惑星帯の質量欠損を説明するには，初期からダストや微惑星が局在化していたと考える方がいいかもしれない．最近の理論や観測によって，初期円盤は不連続な質量分布をもつ可能性もあることが示唆されている．現実的な初期円盤を知るためには円盤の形成と初期進化を理解する必要がある．

このように，現在，太陽系形成の標準シナリオは，惑星の移動や初期円盤での物質の非一様分布を考慮した，より現実的なシナリオへと発展しつつある．

7.6 太陽系から一般惑星系へ

これまで見てきたようにまだ多くの問題は残されているが，太陽系形成の標準シナリオは大枠では太陽形成に続く自然な物理過程として惑星や小天体の形成を描くことができている．今後もさまざまな観測や探査の成果などを受けて，さらに精密なシナリオが構築されていくだろう．

一方，太陽系以外の惑星系が確実なものですでに2000近く発見されている．これは銀河系における惑星系の普遍性を示している．しかし，これらの惑星系には太陽系には存在しないような質量や軌道をもった異形の惑星が存在することが明かになった．すなわち，巨大ガス惑星(木星の10倍の質量)，巨大地球型惑星(地球と海王星の間の質量)，近接惑星(中心星にごく近い軌道)，大離心率惑星(彗星のような大離心率の軌道)，軌道傾斜惑星(中心星赤道面から著しくずれ

ている軌道面) など．このような多様な惑星系の起源は太陽系とは何が違ったのだろうか．現在，太陽系形成の標準シナリオを多様な原始惑星系円盤に応用することで，これらの惑星系の起源の研究が進められている．この分野のこれからの大きな目標は，太陽系も含めた多様な惑星系の起源を統一的に説明可能な一般的な惑星系形成シナリオを構築することにある．それによって，太陽系の特殊性もしくは普遍性，そして地球のような生命の存在可能な惑星の形成条件や形成確率が明らかになっていくだろう．

参考文献

[1] 井田 茂，小久保英一郎著『一億個の地球――星くずからの誕生』，岩波書店 (1999)．
[2] 井田 茂著『異形の惑星――系外惑星形成理論から』，NHK 出版 (2003)．
[3] 嶺重 慎，小久保英一郎編著『宇宙と生命の起源――ビッグバンから人類誕生まで』，岩波書店 (2004)．
[4] 井田 茂，中本泰史著『ここまでわかった新・太陽系――太陽も地球も月も同じときにできてるの？ 銀河系に地球型惑星はどれだけあるの？』，ソフトバンククリエイティブ (2009)．

[第8章]

宇宙の生体物質
生命の起源を求めて

大石雅寿

8.1 生命には始まりがある

　人間は知的好奇心のかたまりである．生き物がどこから生じるのかという疑問，宇宙がどのようになっているのかという疑問などは，あらゆる時代において人々が考えてきたことであった．生き物がどこから生じるのかという疑問に答えるため，古くは宗教の教典や伝説，神話などが「解答」を与えていた．これらの答えは超自然的であったものの，当時の世界観や生命観を反映していた．

　たとえば，キリスト教では神が万物を創造したとしており，人間を含むすべての生物は神の創造物としている．これに対してエジプト文明やギリシャ哲学においては，アリストテレスによって体系づけられた自然発生説が唱えられた．この自然発生説は，西洋世界においてはキリスト教と結びつく形で17世紀まで影響を与え続けた．17世紀後半になると，実証を重んずる近代自然科学が成立した．そして，実証面からの考察の結果，自然発生説は疑いが持たれるようになった．

　やがて19世紀に入り，自然発生説を巡る論争に終止符が打たれることとなる．フランスの生化学者パスツール (L. Pasteur) は，長いS字状になっている首をもったフラスコを用いた実験を行った．通常，栄養豊富なスープを容器に入れて放置しておくと，しばらく経った後に容器内にはカビなどの微生物が繁殖する．ところがパスツールは，フラスコ内のスープを加熱殺菌し，さらに外界の空気と触れないようにしておくと，スープが腐敗したり微生物が発生したりすることがないことを示した．これは，実験的に自然発生説を明確に否定したものであった．

　自然に発生することがないのであれば，すべての生物が親から生まれるのであ

るから，どんどん遡っていけば最初の生物に至るはずである．すなわち，生命の起源がなければならないことになったのである．

8.2 生命の起源を探求する

　自然発生説が否定された後，生命の起源を求める研究が行われるようになった．生命の起源を論ずる説の一つとして，スウェーデンの物理化学者アレニウス (S. Arrhenius) や英国の物理学者ケルビン卿 (トムソン，W. Thomson) は，地球外から生命が飛来して地球上の生命が始まったという**パンスペルミア説**を唱えた．しかし，一般的には，自然環境下における物質の化学進化の結果，生命が発生したとする考えが受け入れられている．これは旧ソ連の生化学者オパーリン (A. Oparin) と英国の生物学者ホールデン (J. Haldane) が独立に提唱した説である．

　オパーリン説では生命の発生メカニズムは次のようになる．まず，原始地球大気に存在していた無機物 (メタン，アンモニア，水，水素) が，太陽光や雷などのエネルギーにより簡単な有機物に変化 (化学進化) して海に溶ける．海水中ではさらに化学進化が続き，より複雑に成長した有機物が次第に複雑な化学反応システムを作り上げる．そして，最初の生命の発生に繋がったとする．

　この化学進化説に実験的な支持を与えたのが米国の化学者ミラー (S. Miller) (この仕事はミラーが大学院生のときのものである) とその指導教官であったノーベル化学賞受賞者ユーレイ (H. Urey) であった．ユーレイは，原始地球を含む惑星大気の組成に興味を持っていた．彼は，原始地球大気の主成分はメタン，アンモニア，水蒸気，水素の混合ガスであろうと主張した．これらは，宇宙に豊富に存在する重元素である炭素，窒素，酸素が宇宙で最も多い元素である水素と反応して完全に還元された化合物である．

　ユーレイの大学院生であったミラーに与えられた研究テーマは，この原始大気中でどのような化学反応が起きるかを調べることであった．実験装置作りが得意であったミラーは図8.1に示す装置を製作して研究課題に取り組んだ．フラスコ内の水は原始海洋に対応しており，水が暖められてできた水蒸気が上のフラスコに導入される．上のフラスコにはメタン，アンモニア，水素が供給され，その混合気体中で雷を模擬した火花放電を起こす．放電により原料を構成する分子は解離したりイオンになる．こうやって反応性が高くなった物質同士が反応し，でき

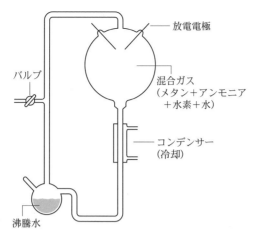

図 8.1　ミラーの実験で使用された装置概念図．実験では，原始地球の海から蒸発した水蒸気や他の物質に雷が当たり，冷却後に雨となって海水に戻る様子を再現しようとしたもの．右側の丸いフラスコ内にメタン，アンモニア，水素，水蒸気を封入して放電し，反応物と生成物は冷却され，反応物は装置下部の水溶液に集められる．

あがった生成物はフラスコの下部で冷却され，水滴すなわち雨となって下部フラスコの"海"に戻る．このようにして反応生成物が徐々に"海"の中に溜まってくる様子を模擬したのである．

　ミラーは約1週間放電を続けた後，下部フラスコに溜まった物質中に，グリシンやアラニンなどのアミノ酸を初めとする生体関連物質が存在することを見いだした．当時，有機物は生物によってのみ生成されると信じられていたため，無機物から有機物が生成されるというミラーの実験結果は，当時の人々にとって非常に衝撃的であったという．

　現在では，原始地球大気は，ユーレイやミラーが想定した還元的大気とは異なり，二酸化炭素が多い中性あるいは酸性の大気であると考えられている．そして，中性あるいは酸性の大気成分を用いてミラーと同じ実験を行うと，十分な有機物が生成されないことがわかっている．この困難さを解消するため，地球外(星間分子雲や原始惑星系星雲)で生成された有機物が何らかの手段(彗星や惑星間塵など)により原始地球に持ち込まれ，それらを種にして化学進化が進んだという

考えも提唱されている.

　もし宇宙に有機分子,とりわけ,生体関連分子が豊富に存在するとすれば,上記の考え方は有力なものとなる.宇宙に生体関連分子がどれだけ存在するのかについて,次節以降でみていこう.

8.3　宇宙に漂う星間分子

　宇宙空間の星と星の間には,一見何もないように見える.しかし実際には,星と星の間には冷たく希薄なガス (星間ガス) が存在している.その中でも濃い部分は**星間分子雲**と呼ばれ,その構成主体は分子となっている.濃いといっても,その密度は $1 cm^3$ あたり水素分子がおよそ 10^3 から 10^6 個ほどで,現在使える真空装置でなんとか作れる真空度である.また温度は,多くの場所では $10 K$ (摂氏マイナス $263°C$) ほどであり,星が誕生している領域になると $300 K$ (摂氏で $27°C$) ほどである.

　星間ガス雲中にこのような濃い部分が存在することは 1970 年前後に電波天文観測により明らかになった.実は,このような濃いガスの中には大きさが数ミクロン程度の固体粒子 (星間塵) が存在するため,可視光では黒い筋のように見える (第 6 章参照).

　20 世紀初頭から二原子分子が彗星に存在することは知られていたものの,当時の常識では,宇宙空間には星からの紫外線が満ちているために多原子分子は存在し得ないとされていた.ところが,1963 年に水酸基 (OH) が発見されて以来,次々と星間ガス雲中に分子 (星間分子) が発見され,その後も有機分子を含む多原子分子が発見されてきた.また,星間分子は,星間分子雲のみならず赤色巨星周囲や系外銀河でも多数検出されている.

　星間分子からの電波スペクトル線は,電波のうち,波長がセンチメートルからミリメートルの範囲に多く存在する.そのため,広い周波数帯域に渡って均質に観測することにより,星間分子からの多数のスペクトル線を検出することができる.その一例が,図 8.2 に示すようなラインサーベイ観測である.この図は,おうし座にある暗黒星雲 (おうし座暗黒星雲 1 (TMC-1)) を国立天文台野辺山にある **45 m 大型電波望遠鏡**を用いて,周波数 8.8 GHz から 50 GHz の間を 125 kHz ごとに観測したデータである.この中には,38 種類の分子からの 404 本のスペ

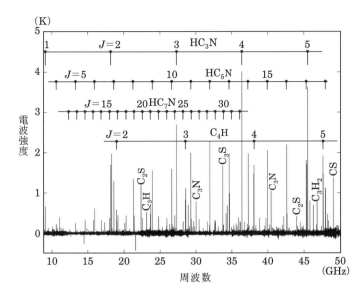

図 8.2　国立天文台野辺山にある 45 m 電波望遠鏡によって観測したおうし座分子雲 1 (TMC-1) でのスペクトル．炭素が直線状につながった物質が多く見えている．直線状の分子からの回転スペクトル線の周波数は，ほぼ等間隔に現れる．本図では，HC_3N, HC_5N, HC_7N の回転スペクトルの位置を縦線で示した．J は回転スペクトル線の上位準位を示す量子数である (Kaifu et al., *Publ. Astron. Soc. Japan*, **56** (2004) 69–173).

クトル線がある．ラインサーベイ観測を始めて以降，未知のスペクトル線が多数見つかった．その正体は，天文学者，分子分光学者，そして理論研究者による共同作業を通じて次々に解明された．このようにして日本の国立天文台を中心とするグループは，17 種の星間分子を発見した．同様のラインサーベイ観測は，米国や欧州でも実施され，非常にたくさんの星間分子の発見に至った．2014 時点で，約 180 種類の星間分子が検出されている (未確認のものも含んだ数字)．

8.4　宇宙の有機物質

有機物とは一般に炭素を含む化合物を指す．歴史的には，生物が作り出す化合物を有機物とし，鉱物由来の無機物とはっきり分けていた時代があった．しかしながら，ミラーの実験によって示されたことからも理解できるように，無機物か

ら有機物を化学合成できることがわかり，歴史的な有機物の定義から離れて，炭素化合物を一般的に有機物と呼ぶようになった．その一方で，炭素原子を含む化合物であっても，単純なもの (例：CO, CO_2, HCN など) は慣例として有機物とは見なされない．そこで，本節では，炭素を含んでいても単純なものはひとまず有機物からは除外しておく．

星間分子の中には，以下に述べるように多様な有機分子も含まれる．宇宙の有機分子を分類してみると，アルデヒド，アルコール，エーテル，ケトン，アミドなどに分けられる．アルデヒドの中で最初に発見されたのがホルムアルデヒド (H_2CO) で，1969 年のことであった．当時知られていた星間分子は，OH, NH_3, H_2O のみであり，4 原子分子が発見された際の驚きは相当のものであったという．昔から星間空間には星からの紫外線が満ちていることが知られていた．紫外線は，分子結合を切断する働きがあるため，当時の天文学者は，仮に星間空間に分子が存在しているとしても，大きな分子に成長する前に紫外線により破壊されてしまうだろうと予測していたからであった．しかし，ホルムアルデヒドの発見に触発され，星間紫外線がある程度遮蔽される濃い分子雲を対象に，どのような有機物質が存在するかを調べる研究が急速に進んだ．その結果，1970 年にはメチルアルコール (CH_3OH), 1971 年にはギ酸 ($HCOOH$) が，1973 年にはチオフォルムアルデヒド (H_2CS), メチレンイミン (CH_2NH), フォルムアミド (NH_2CHO), アセトアルデヒド (CH_3CHO) が，1974 年にはメチルアミン (CH_3NH_2) とジメチルエーテル ($(CH_3)_2O$), そして 1975 年にはシアナミド (NH_2CN) とエチルアルコール (C_2H_5OH) が発見された [1]．

このことからわかるように，宇宙の主だった有機分子は 1970 年代には発見されていたのである．これらの有機分子は，オリオン大星雲の中心部 (Orion KL) や銀河系の中心近くにある巨大な分子雲として知られていた射手座 B2 (Sgr B2) で発見された．これは，天文学者が宇宙の分子を探査する際には，まず，これらの二つの天体に電波望遠鏡を向けるのが通例であったからである．電波望遠鏡の感度向上に伴い，2004 年には最も簡単な糖であるグリコールアルデヒド

---

[1] 少し脱線するが，我々の銀河系中心近くに存在するエチルアルコールの総量は，ビールに換算した場合，世界の全人口が朝昼晩 1 杯ずつ飲んだとしても，宇宙の年齢 (138 億年) の 100 倍にもあたる数兆年間飲み続けられる量であるという．

(CH$_2$OHCHO) が発見された．また，2008 年には，最も簡単なアミノ酸であるグリシン (NH$_2$CH$_2$COOH) の前駆体であるアミノアセトニトリル (NH$_2$CH$_2$CN) が，いずれも Sgr B2 の中心部で発見された．

1970 年代に多くの有機物質が宇宙で見出された頃から，世界の天文学者の関心は宇宙のアミノ酸に向かっていた．アミノ酸は，アミノ基 (NH$_2$–) とカルボキシル基 (COOH–) の双方を持つ有機化合物を指す．1970 年代には，アミノ基を持つものもカルボキシル基を持つものも見出されていたので，宇宙のアミノ酸を検出しようとするのは自然なことであった．しかし，アミノ酸や核酸 (その前駆体を含む) 探査が数多く実施されたにも関わらず，2014 年現在，発見には至っていない．

8.5 太陽系内の有機物質と地球への運搬

観測感度の向上によって，星間分子雲中の有機物質のみならず，彗星の有機物質の検出も可能となった．彗星は，星間分子雲が収縮してできた原始惑星系円盤の中で，中心星から遠いところで形成されたと考えられ，星間分子雲中で形成された物質をそのまま保持していると言われている小天体である．これまでの観測により，彗星は氷にさまざまな有機物質や固体粒子が混じった天体であることがわかっている．彗星中の有機物質としては，一酸化炭素 (CO)，メチルアルコール (CH$_3$OH)，メタン (CH$_4$)，二酸化炭素 (CO$_2$) などの炭素化合物やアンモニア (NH$_3$) や青酸 (HCN) といった窒素化合物の存在が知られている．その後，ハレー彗星を探査したジオットや，ヴィルド第 2 彗星を探査した NASA の**スターダスト探査機** (Star Dust) により，彗星核には，多環芳香族炭水化物 (PAH) などの複雑な有機物が含まれていることも明らかになった．スターダスト探査機はヴィルド第 2 彗星に接近して，彗星から吹き出す物質をとらえ，地球に帰還した．そして 2009 年にスターダスト研究グループが，彗星から持ち帰った物質を分析したところ，アミノ酸であるグリシンが含まれていたと報告した．惑星や彗星は，星間分子雲が収縮して形成した原始惑星系形成円盤の中で生まれることが知られている．彗星にグリシンがあるということは，その母体である星間分子雲中にもグリシンや他のアミノ酸なども存在する可能性を示唆している．

生命の誕生には「海 (大量の液体の水)」が必要であると考えられている．これ

は，水の層があると化学進化により形成された物質が太陽からの紫外線によって解離・分解されることを防止・軽減できるからである．また，私たちが紫外線を多く浴びるとさまざまな障害が生じることから容易に想像できるように，その後の生物進化の過程においても紫外線に対して無防備なままであると生命維持が困難になる．原始地球誕生時は非常に高温であったと考えられているため，地球形成時に存在していた水はすべて蒸発してしまったはずである．しかし，現在の地球をみると，表面の70%近くが海である．では，その海の形成に必要な大量の水はどこからやってきたのだろうか．

　海の起源については，大別すると二つの考え方が提唱されている．いずれも地球外からの物質運搬である．一つは，水を含む**炭素質コンドライト隕石**によりもたらされたという考えである．もう一つは，氷を多く含む彗星によってもたらされたという考えである．現在の地球の海の質量は 1.4×10^{21} kg あるが，地球質量 (6×10^{24} kg) と比べればわずか 0.023% しかない．したがって，現在の海水量を説明するためには，水を含む天体が少量降ればよいと考えられる．

　地球の水が，どのような材料物質から供給されたのかを判断する材料の一つとして用いられるのが重水素 (D) と水素の比率 (**D/H 比**) である．海水の D/H 比はおよそ 2×10^{-4} であり，炭素質コンドライトの D/H 比はおよそ 2×10^{-4}，彗星 (3 天体のみ) の場合はその 2〜3 倍程度である．そのため，水の供給源は炭素質コンドライトであると言われていた．

　一方，2011 年 10 月，**ハーシェル宇宙望遠鏡**はハートレー彗星を観測し，同彗星での D/H 比が海水のものとほぼ同じ値であることを見いだした．この彗星は，太陽から遠方にあり太陽系始原物質を含むカイパーベルトに起源を持つと考えられている天体である．この観測結果は，彗星も地球への水の供給源になり得ることを示しており，今後の詳細な研究結果が待たれることとなった．

　水のみならず，生命に関連が深い有機物質についても，オパーリンが唱えたように地球表面で生成されたものなのか，あるいは，地球外から運搬されたものなのか，という議論が続いている．ミラーの実験では地球上で生成できるということであった．しかしその後の研究により原始地球大気成分は中性あるいは酸性的組成ではないかと指摘された．そのような条件下では，地球上では十分な量の有機物質が生成できないことがわかってきた．最近では，水と同様に有機物質の

表 8.1　地球内外における有機物の起源とその量

地球起源	生成量 (kg/年)
紫外線による光反応	3×10^8
雷などの放電	3×10^7
衝突による衝撃	4×10^2
熱水噴出口	1×10^8
地球外起源	生成量 (kg/年)
惑星間塵	2×10^8
彗星	1×10^{11}
有機物生成量の合計	10^{11}

ほとんどが彗星によりもたらされたという研究結果も発表されている (表 8.1 参照). この表では, 原始地球に降ってきた彗星重量の 10% が有機物で, 降ってきたもののうち 10% が生き残ったと仮定した場合のものを示している [2]. 表 8.1 によれば, 彗星由来の有機物質が, 地球内外のさまざまな有機物質のほぼ全量を占めることがわかる.

このことは, 生命に関連する有機物質の多くが地球外起源を持つ可能性を示している. 実際, 前述した通り, 2009 年に, スターダスト探査機によりヴィルド第 2 彗星からアミノ酸であるグリシンが検出されたとの報告が行われたことは, 大量に地球外から持ち込まれた物質内にアミノ酸も含まれていただろうということを強く示唆する.

8.6　星形成領域におけるアミノ酸前駆体の探査

これまでみてきたように, 太陽系内ではアミノ酸が見出されているにも関わらず, その母体となっているはずの分子雲ではアミノ酸などの生体関連物質は見つかっていない. その理由としては, 過去に行われた宇宙アミノ酸などの探査に用いられた望遠鏡の感度が十分ではないことが, まず考えられた. 過去の望遠鏡に比べて 100 倍以上の感度を達成しようとして国際協力の下で建設されたのが **ALMA** 望遠鏡である (6.6 節を参照のこと). ALMA を用い, アミノ酸など

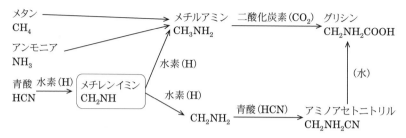

図 8.3　実験室における模擬星間氷表面反応を考慮して仮定した星間空間でのグリシン生成経路.

が存在すると思われる領域を観測すれば，宇宙のアミノ酸が見つかると期待される．そうすれば，宇宙由来のアミノ酸などを含んだガスが集積して惑星や彗星になり，その生体関連有機分子が惑星上でさらに化学進化を続けて生命に至るというストーリーを構築できる．

　しかし，初期科学運用が始まった ALMA 望遠鏡の主要研究テーマの一つが「生命の種」の発見とされているにも関わらず，「生命の種」が星形成過程のどの段階でどれだけの量生成されるのかに関する理解はほとんど進んでいない．そこで，我々は，タンパク質や核酸の要素となる含窒素有機物の進化を理解するための第1段階として，実験室における紫外線照射下での CH_4, NH_3, CO_2 の星間氷表面反応によってグリシンが生成されるとの報告に基づき，図 8.3 に示すグリシン生成経路を仮定した．

　ほぼ 10 K の星間氷上では CH_4 や NH_3 は移動しないことを踏まえ，トンネル効果[2]により移動できる水素原子が HCN と反応する経路を加え，さらに反応が進むことによりグリシン前駆体のメチルアミン (CH_3NH_2) やアミノアセトニトリルが生成すると考えた．この経路の出発物質である CH_4, NH_3, CO_2, HCN が星間分子雲で豊富に存在することがよく知られていることに注目していただきたい．我々が仮定するグリシン生成経路では，"宇宙のどこにでもある物質"を材料としている．つまり，この経路でグリシンやその前駆体が生成されるのであれば，宇宙の多くの場所でグリシンが生成されているはずなのである．

---

[2] 量子力学的効果により，微小な粒子が，古典力学では透過できないエネルギーの壁を浸透してしまう現象．

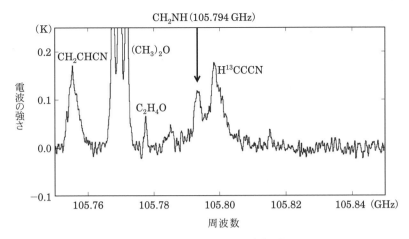

図 8.4　オリオン大星雲の中心にある Orion KL 方向で観測されたスペクトル.

　この経路が実際に成立するかどうかは，メチレンイミン (CH_2NH) が多様な天体で存在するかどうかにより判断できると考えられる．しかし，CH_2NH はこれまでに Sgr B2 や Orion KL などで観測されただけであり，その存在について深く研究した例がない．したがって，CH_2NH がどのような物理条件を持つ星生成領域に存在するのかを知るためには，他の天体におけるサーベイ観測を行う必要がある．そこで，我々は国立天文台野辺山 45 m 電波望遠鏡による大質量星生成領域におけるサーベイを 2013 年 4 月と 6 月に実施した．もし，我々が仮定したようにメチレンイミンが HCN への水素付加反応によって生成するとすれば，CO への水素付加反応により生成されると考えられている CH_3OH が豊富なはずである．そこで，サーベイ対象は，CH_3OH が豊富な天体とした．

　その結果，既知の天体に加え，新たに 4 天体で CH_2NH の検出をすることができた．図 8.4 に例として Orion KL での CH_2NH のスペクトルを示す．Orion KL では，これまでに数多くの有機物質が観測されている．この図の中にも，ビニルシアナイド (CH_2CHCN)，ジメチルエーテル ($(CH_3)_2O$)，エチレンオキサイド (C_2H_4O) などの有機物質からの輝線を確認することができる．矢印に対応するものが CH_2NH のスペクトルであり，この 105.794 GHz の信号は初めて観測されたものである．今回の観測で新たに CH_2NH を検出した 4 天体は，いずれも中心で大きな星が誕生している．その星からの紫外線により温度が高くなってい

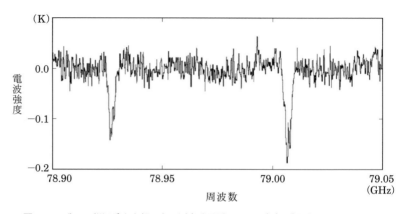

図 8.5 我々の銀河系中心部にある巨大分子雲 Sgr B2 方向で観測された CH_3NH_2 の吸収スペクトル (下向きの信号).

る領域の周囲で CH_2NH が検出された.中でも G31.41+0.03 での CH_2NH の強度は,既知天体中で最も CH_2NH が強い Orion KL とほぼ同じであることは驚きに値する.我々が見出した新しい CH_2NH 天体では,さらに複雑な有機物質も豊富に存在する可能性が高い.

また,我々の銀河系中心部にある巨大分子雲 Sgr B2 方向での CH_3NH_2 の観測を実施したところ,明瞭な吸収スペクトルが見出された.図 8.5 に,Sgr B2 方向で観測された CH_3NH_2 の吸収スペクトルの例を示す.その解析により,吸収を起こしている星間雲は,Sgr B2 の中心でたくさんの大きな星が誕生している領域の手前に拡がっており,その中に柱密度が 5×10^{15} cm^{-2} もの CH_3NH_2 が存在することがわかった.この吸収領域はやや特殊であり,広い範囲に渡ってガス温度や星間塵温度が約 40 K (マイナス 233°C) と報告されている.通常,有機分子は,分子雲が冷たい時代に星間塵上で生成されて塵の上に溜まっており,中心星が生まれた後に紫外線を受けて蒸発してくると考えられてきた.吸収領域は中心星からは遠く離れているものの,星間塵の温度が高いために,昇華温度が約 35 K である CH_3NH_2 が昇華できるのである.CH_3NH_2 の吸収線が見えたことは,広範な星間ガス中に,CH_3NH_2 が星間塵表面に多量に形成され凍り付いたままの形で存在している可能性を示している.

これらの事実は,今後さらにサーベイ観測を拡大すれば,より多くの CH_2NH

天体が見いだされる可能性を示している．それらに対して高感度な観測を行うことにより，CH_3NH_2 の豊富な天体が見出され，さらに，ALMA によるグリシン探査のための候補天体が見いだせる可能性が高いことを意味する．

8.7 「宇宙と生命」への期待

2014 年から，いよいよ ALMA 望遠鏡が本格稼働を開始することになる (図 6.6 (p.111))．ALMA 望遠鏡は，これまでに困難であった天文学研究を格段に進展させることを狙った観測装置である．このため，ALMA 望遠鏡の建設時から，日米欧が協力してきた．これは，ALMA 望遠鏡を使った研究を行いたいという天文学者が世界中にいるということの証拠でもある．

太陽系外に多くの星形成領域が知られ，また，銀河系内で太陽近傍の恒星周囲に惑星が多数発見されている (2014 年時点で，1800 個を超えている)．太陽から遠い銀河系内や他の銀河系にも，おそらく惑星が多数存在することが容易に推定できる．このため，地球上と同じような化学進化が系外惑星でも生じている可能性は十分あり，それが地球外生命の発生に繋がるのではないかとの考えが急速に生まれてきた．本章で述べたように，星間分子の発見当初から"宇宙と生命"の関連を解明しようとするさまざまな取り組みがあった．地球外生命はいまだに発見されていないものの，化学進化の自然な結果として生命が誕生するプロセスを研究することは，宇宙における生命の普遍性を議論することに繋がるものである．ALMA 望遠鏡は，40 年以上前からの天文学者達による問い，つまり，「我々は宇宙で孤独なのか．あるいは，どこかに仲間がいるのか？」に，ついに答えを与えられるかもしれない．

その解答は，きっと，近いうちに得られるであろう．

参考文献

[1] Kaifu *et al.*, *Publ. Astron. Soc. Japan*, **56** (2004) 69–173.
[2] Ehrenfreund *et al.*, *Rep. Prog. Phys*, **65** (2002) 1427–1487.
[3] 立花 隆，佐藤勝彦，大石雅寿ほか著，自然科学研究機構編，『地球外生命 9 の論点──存在可能性を最新研究から考える』，講談社 (2012)
[4] 日本アストロバイオロジー・ネットワーク
http://logos.ls.toyaku.ac.jp/~astrobiology-japan/

[第9章]

中性子星の奇妙な物質

田村裕和

9.1 はじめに

この本を最初からここまで読み進めた読者には，宇宙の中で物質がどのように生まれ，進化を遂げて現在の物質世界が作られたのかがわかったことと思う．しかし，宇宙には我々人類がまだまったく理解していない不思議な物質も存在する．その一つがダークマターであり，もう一つは中性子星内部の物質である．ここでは，中性子星内部の物質について述べる．

9.1.1 宇宙における物質の進化——おさらい

まず，宇宙における物質の進化を簡単にまとめてみよう．ビッグバンとともにクォークやレプトンという素粒子が生まれる．この初期宇宙での物質の姿は，クォーク・グルーオン・プラズマ (第4章参照) というばらばらのクォークの流体であった．膨張とともに宇宙の温度が下がるとクォークが三つ結びついて陽子・中性子 (あわせて核子という) が作られる．一部の核子はお互いに融合してヘリウム原子核に変わる．さらに宇宙が冷えると，別の素粒子である電子が陽子 (水素原子核) に捕えられて，水素原子そして水素分子ができる．ヘリウム原子もできる．これらが重力で集まって分子雲となり，さらに集積して原始星が生まれる．

重力エネルギーが開放されて原始星の中心温度が高くなると，陽子からヘリウム原子核への核融合反応が起こって多量のエネルギーが放出され，星は恒星として輝き始める．恒星の中心部ではこの反応がゆっくりと進み，さらにヘリウムから炭素，酸素，ケイ素，鉄のように核融合反応によってより重い原子核が次々と

作られ，星は赤色超巨星へと変化する．鉄は核子あたりのエネルギー (質量) が最も小さい原子核であり，鉄ができるまでの核融合反応は発熱反応である．そのため，星はエネルギーを放出して輝くことができる．しかし恒星の中心に鉄がたまってくると，そこではもはや熱が発生しないため，重力による収縮に抗して星を支えていた圧力が生み出せなくなって，星の中心がつぶれ，その反動で星の外側が吹き飛ぶ．これが超新星爆発である．この瞬間に鉄より重い金やウランなどの原子核が一気に作られたのではないかと考えられており，そのシナリオが中性子過剰核 (陽子に対する中性子の数が極端に多い原子核) の研究から解明されようとしている (第 5 章参照).

こうしてできたさまざまな原子核，すなわちさまざまな元素が宇宙空間に飛び散り，これらが再び重力で集まって星となり，再び核融合反応によって軽い元素から重い元素が作られ，超新星爆発で飛び散る．このサイクルを繰り返すうちに，宇宙における重い元素の割合が増え，我々の知っているさまざまな元素からなる物質世界がつくられるのである．

9.1.2 中性子星とは

ところで，超新星爆発のときにつぶれる星の中心部分は，もとの星の質量が太陽質量の 20 倍程度を越えているときには**ブラックホール**となる．太陽質量の 8〜20 倍程度の場合は，**中性子星**という超高密度の小さな天体が残される．実際に，超新星残骸の星雲を観測すると，その中心に強力な X 線を出して輝く中性子星が見つかることがある．中性子星は，電気的に中性の一つの巨大な原子核のような天体で，その質量は太陽質量の 1〜2 倍程度，その半径はおよそ 10〜15 km 程度であることが観測からわかっているため，中性子星の密度は原子核と同程度から数倍程度に達する．この密度はおよそ 10〜30 億トン/cc であり，たとえると東京ドーム 2000 杯分の土を角砂糖 1 個に圧縮した密度である．物質とはいえないブラックホールを除けば，宇宙で最高密度の物質である．

中性子星は，以前から理論的に存在が予想されてはいたが，1967 年にベル (S. Bell) とヒューイッシュ (A. Hewish) が 1.3 秒の正確な間隔でパルス的に電波を放出する天体 (**パルサー**) を発見し，その正体が自転する中性子星であることが明らかになった．中性子星が別の星 (伴星) と連星になっている場合，伴星から

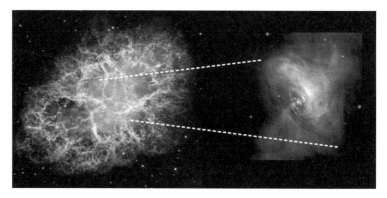

図 9.1 超新星残骸「かに星雲」の光学望遠鏡写真 (左) と X 線望遠鏡写真 (右). 右の写真の中心に光って見える天体が中性子星である (NASA 提供の画像をもとに改変).

中性子星に落ち込む物質が高温になり,中性子星の磁極の方向に X 線や電波などの電磁波が放出される.これが中性子星の自転とともにサーチライトの光ように一定間隔で地球へ届くのである.

図 9.1 は,「**かに星雲**」と呼ばれる超新星爆発の残骸である.かに星雲は,藤原定家の『明月記』や中国の文献に記録されている 1054 年に出現した超新星の残骸であることがわかっている.また,ここに強力な X 線パルサー (X 線のパルスを周期的に放出する天体) があることもわかっている.かに星雲を光学望遠鏡で撮影した写真 (左) に対して,X 線望遠鏡で撮影した写真 (右) には,渦を巻いたような構造とその中心に X 線で明るく輝く星が写っている.この中心の星が中性子星である.

さて,中性子星の中はどうなっているのだろうか.超新星爆発の際につぶれた星の中心では,陽子が周辺の電子を吸って,陽子 p が中性子 n に,電子 e^- が電子ニュートリノ ν_e に変化する反応

$$p + e^- \longrightarrow n + \nu_e \tag{9.1}$$

が起こる.中性で弱い相互作用しかしないニュートリノは,陽子・中性子からクーロン力でも核力 (強い相互作用) でも引き留められることがなく,星の外へ逃げる.超新星爆発の際に,このように星の内部から本当にニュートリノが出てく

ることを観測によって証明してノーベル賞を受賞したのが小柴昌俊氏である[1].

(9.1) 式の反応で電子が消えると，物質の密度は一気に 15 桁も大きくなる．図 5.3 にも描かれているように，原子核の大きさ (核子の存在する空間サイズ) は，原子の大きさ (電子の存在する空間サイズ) より 5 桁も小さく，体積で比べると 15 桁も小さいためである．それは以下の理由による．

核子を原子核に結びつけている核力のエネルギーは，電子を原子に結びつけているクーロン力のエネルギーより約 7 桁大きい．このエネルギーは，束縛されて回転する電子や核子の運動エネルギー E と同程度である．また，粒子の質量 m は，電子に比べて核子は約 2000 倍である．よって，粒子の運動量の大きさ $\Delta p = \sqrt{2mE}$ は，核子の方が電子より 5 桁大きい．

量子力学の**不確定性関係** $\Delta p \Delta x \sim \hbar$ によって，粒子の閉じ込められた空間の大きさ Δx とその粒子が動き回る運動量の大きさ Δp は反比例するため，原子核の大きさは原子の大きさより 5 桁小さく，原子核の体積は原子の体積より 15 桁小さいことになる．

電子はフェルミ粒子 (スピン 1/2 の粒子) のため，同じ空間の場所には (同じ原子軌道に同じスピンの向きでは) 一つしか存在できない (これを**パウリ排他律**という)．そのため，電子があるとき (原子やプラズマのとき) には，物質の質量は原子核が担うのに対し物質の体積は電子が担うこととなり，密度は大きくなれない．しかし電子がなくなった状態で重力で圧縮されると，原子核 (実際にはほとんど中性子だけになっている) 同士がくっつき合って，物質の密度は 15 桁も増大する．こうして，中性子星という超高密度の天体が作られるのである．

9.1.3　中性子星の内部の謎

ところで，この中性子星の中身がどうなっているのかはよくわかっていない．中性子星内部では，中心に近いほど重力が強いため，物質の密度も高くなっているはずである．中性子星内部の物質は，原子核と同様，核子がみっしりと詰まった物質 (核物質) ではあるが，次の点で普通の原子核とは性質が大きく異なる．(1) 原子核がほぼ同数の陽子と中性子からなるのに対し，中性子星物質はほ

---

[1] ただし，小柴氏がカミオカンデ検出器で観測したのは，爆発の際に同時に放出される反電子ニュートリノ ($\bar{\nu}_e$) であった．

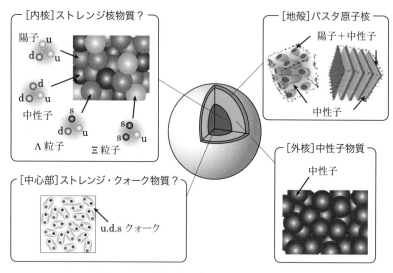

図 9.2　中性子星の内部の物質の想像図.

ぼ中性子のみからなる. (2) 原子核は質量数の大小を問わずほぼ一定の密度 (ρ_0, 飽和核密度という) をもつが, 中性子星物質は中心からの距離に応じてさまざまな密度になっている. そのため, 我々がよく知っている普通の原子核の性質をもとに推定することは難しいのである. それでも現在の原子核物理の知識を総動員することで, おおよそ以下のように想像されている. 図 9.2 にその想像図を示す.

地殻に相当する表面の薄い領域では, 中性子過剰核と, そこからこぼれ出た中性子の海が共存する. 中性子星表面では物質は原子核と電子とでできているが, 内部へ行くにしたがって, 反応 (9.1) によって原子核内の陽子が中性子に変化し電子が減ることで密度が急速に上がり, 原子核は中性子過剰になる. そして, さらにそこからこぼれ出た中性子が周囲に海のように広がる. 原子核の部分は互いにつながってスパゲッティのような紐状になったり, ラザニアのような層状になったりすると予想されており, この不思議な物質は「**パスタ原子核**」と呼ばれている.

さらに内部へ行き「外核」の領域になると, 陽子と電子は消え, 中性子の海だけになる. この「中性子物質」の密度は通常の原子核密度 ρ_0 と同じオーダーであり, 内部へ行くほど密度が上がっている. この中性子物質は, 2 個の中性子が

引力によって対になることで超流動状態 (極低温の液体ヘリウムでみられるような，量子効果により粘性がまったくなくなった液体の状態) になっているという予想がある．しかしこの物質の硬さや性質はわかっていない．いずれにせよ，現在の宇宙にある物質はすべて，原子核と電子が原子またはプラズマという形になって存在しているというのが常識であるが，この中性子物質は，その常識を覆す「電子を含まない物質」である．

　もっと内部の「内核」の領域では，中性子の一部が**ハイペロン粒子**に変化し，「ストレンジ核物質」ができている可能性が指摘されている．核子は，クォーク3個が閉じ込められたバリオンと呼ばれる粒子の一種であり，陽子は，u, u, d, 中性子は u, d, d クォークでできている．それに対し，s (ストレンジ) クォークが入った Λ (ラムダ) 粒子 (u,d,s) や，Ξ (グザイ) 粒子 (u,s,s) のようなバリオンを「ハイペロン」という (図 9.5 (p.159) (上) 参照)．u, d クォークは安定な素粒子だが (ただし u, d の間で入れ替わることができる)，s クォークは不安定で u クォークに変化する．そのため，ハイペロンは 100 ピコ秒オーダーの寿命で壊れて，陽子や中性子になる．中性子星内核の密度が高い領域では，このハイペロン粒子が自然に発生して，壊れずに安定に存在している可能性がある．密度が約 $2\rho_0$ 程度を越えたところで，まず最も軽い (エネルギーの低い) ハイペロンである Λ 粒子が発生する．さらに $3\rho_0 \sim 4\rho_0$ 程度の高密度の中心部では Ξ 粒子も発生し，陽子 (p)，中性子 (n)，Λ，Ξ が混ざった，ストレンジクォークを含む物質「ストレンジ核物質」が安定に存在している可能性がある．これは文字通りきわめて奇妙な物質である．

　また，中性星中心部がさらに高密度になっていると，バリオンの中に閉じ込められていたクォークがバラバラになって，クォークの液体状態に変化していると予想する理論家もいる．そこには，u, d だけでなく，s クォークもあるとされている．この状態は宇宙初期の高温のクォーク・グルーオン・プラズマとは異なり，きわめて低温で密度も非常に高い状態であり，二つのクォークが対になって超伝導状態 (図 4.6 (p.77) 右下に描かれた「カラー超伝導」の状態) を作っていると予想されている．

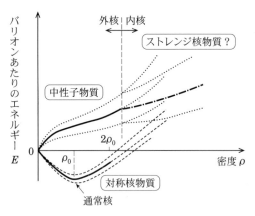

図 **9.3** 中性子星の内部の物質を支配する,温度ゼロでの核物質の状態方程式 (EOS) の模式図. 横軸が核子やハイペロンなどのバリオンの密度,縦軸がバリオンあたりのエネルギーである.

9.1.4 　中性子星の硬さと大きさを支配する「状態方程式」

　中性子星内部の物質の「硬さ」が,中性子星の質量,大きさ,内部構造を支配する. 硬さを物理的に考察するため,物質の密度 ρ と圧力 P (あるいはエネルギー E) との関係を考える. この関係式は,**状態方程式** (Equation Of State, EOS) と呼ばれる. たとえば,理想気体の状態方程式 $PV=nRT$ は,温度 T が一定のもとでは密度 $\rho=n/V$ と圧力 P とが比例関係にあることを示している.

　図 9.3 は,前述のバリオン (陽子,中性子やハイペロン) のみからなる物質についての,絶対温度 $T=0$ での状態方程式 (EOS) の想像図である. 横軸がバリオン密度 ρ, 縦軸がバリオンあたりのエネルギー E である. 横軸の ρ_0 は,前述の飽和核密度 (通常の原子核の密度) である. E が負の領域の実線は,陽子と中性子が 1:1 に混ざり合った「対称核物質」に対する EOS で,これが $\rho=\rho_0$ において極小値をもつことは,陽子:中性子 $=1:1$ の原子核は密度 $\rho=\rho_0$ で安定になることを示している. 原子核を衝突させたり振動させたりして原子核の硬さを調べる実験を行うことで,この曲線の $\rho=\rho_0$ のまわりの曲率がわかっている.

　しかし,陽子と中性子を含む原子核は,ある程度大きくなると陽子同士のクーロンエネルギーが上がり不安定になって,ウラン原子核のように分裂する. 中性子星のような大きな核物質は,電気的に中性でなければならない. よって,中性

子星内部の性質を調べるには，対称核物質でなく，中性の核物質について，EOSがどうなっているかを知らねばならない．また中性子星の表面から中心までカバーするには，密度が $0.1\rho_0 \sim 5\rho_0$ もの広い範囲についての EOS が必要である．しかも後述のように，密度が $2\rho_0 \sim 3\rho_0$ あたりでハイペロンが安定に存在できるようになると，EOS はここで折れ曲がって図 9.3 の一点鎖線のようになる．いずれにせよ，EOS 曲線には点線で模式的に示すような大きな不定性がある．

　重い中性子星ほど重力で圧縮されて中心部の密度が上がる．密度が大きくなるとエネルギーが急激に上がるような EOS の場合，物質は圧縮しにくく，重い中性子星でも中心部の密度があまり大きくなることはない．このような状況を，EOS が硬い，という．一方，密度が大きくなってもエネルギーがあまり上がらない場合，物質は圧縮しやすく，中性子星中心部の密度は大きくなる．このような状況を，EOS が柔らかい，という．EOS が柔らか過ぎると，中心部の密度が大きくなりすぎてブラックホールになってしまうため，中性子星として存在できない．すなわち，存在できる中性子星の最大質量は，中心がブラックホールにならないという条件から決まる．密度の上がりにくい硬い EOS の場合は，大きな質量が許され，密度の上がりやすい軟らかい EOS の場合は，小さな質量の中性子星しか存在できない．

　さて，ある EOS を仮定すると，中性子星内部のあらゆる点で圧力と重力とが釣り合っているという条件から，中性子星の全質量を与えたときその半径が確定する．つまり，EOS の曲線ごとに，質量・半径の対応関係が一意的に決まる．よって，ある中性子星の質量と半径を観測で同時に測定できれば，EOS に対して強い制限を与えることができる．こうして，以下に述べるような地上の実験室における原子核の実験と，中性子星の天体観測とを組み合わせることによって，EOS を確定し，中性子星内部を解明しようという研究が進められている．

9.2　中性子過剰核と中性子物質

　中性子星の外核にある「中性子物質」の性質を調べその EOS を決めるため，「中性子過剰核」という特殊な原子核を加速器実験で作ってその性質を調べる研究が行われている．中性子過剰核と，その研究ができる世界最高の加速器，理化学研究所の RI ビームファクトリー (RIBF) については，第 5 章に詳しい解説が

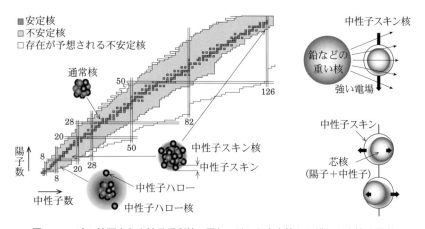

図 9.4 (左) 核図表と中性子過剰核．黒色で示した安定核から離れた中性子過剰核には，中性子スキンや中性子ハローといった特異な構造を持つものがある．(右) 中性子スキン核の振動．中性子スキンの芯核に対する振動をこびと共鳴 (pigmy resonance) と呼ぶ．中性子スキン核に重い核の近傍の強い電場をかけることによって振動を起こす．中性子物質の性質を調べるのに利用される．

あるので参照してほしい．

図 9.4 は，核図表といい，横軸を中性子数，縦軸を陽子数として，すべての原子核を表示したいわば原子核の地図である．地球上に安定に存在する原子核は，陽子数と中性子数がほぼ 1:1 である (ただし質量数が大きくなると中性子数の割合が増えて，たとえば鉛原子核 $^{208}_{82}\mathrm{Pb}_{126}$ では 1:1.5 である)．これが核図表に濃い灰色で示されている．陽子数・中性子数の割合がアンバランスな原子核は不安定であり，濃い灰色の列の両側にたくさんの不安定核が実験で見つかっている．中性子が多ければ中性子は陽子に，陽子が多ければ陽子が中性子にベータ崩壊によって変化することで，いずれは安定な原子核に移行する．以前は，陽子数に対して中性子数が 2 倍以上もあるような不安定核はほとんど作れなかったが，1980 年代に谷畑勇夫氏らによって不安定核をビームとして生成する手法が開拓され，$^{11}_{3}\mathrm{Li}_{8}$ (陽子数 3，中性子数 8) などの中性子過剰核が特異な性質をもつことが明らかになった．これを機に，今では理研 RIBF をはじめ世界の多くの研究所でさまざまな**中性子過剰核**が作られ，その性質が研究されている (5.5 節参照)．

原子核は，陽子と中性子が均等に混ざり合ってほぼ密度一定の球形になってい

るというのが長年の常識であったが，今ではこれは安定核かそれに近い核の性質に過ぎないことがわかっている．中性子過剰核には，陽子・中性子の混じった原子核の表面に，まんじゅうの皮のような中性子だけの部分 (**中性子スキン**) があることが多い (図 9.4)．同じ陽子数の原子核 (同位体) で中性子数だけ増やしていくと，この中性子スキンの厚さは次第に厚くなることがわかっている．また，最近では，$^{208}_{82}\text{Pb}_{126}$ 核のような中性子の多い重い安定核でも中性子スキンの存在が明らかになっている．さらに，中性子の割合が特に多い中性子過剰核では 1, 2 個の中性子のみが月の暈 (かさ) のように，陽子・中性子の混じった原子核の外側に大きく広がって存在する**中性子ハロー**がある．たとえば ^{11}Li では，中性子ハローは ^{208}Pb 核の大きさと同じくらいの大きさに広がっている．

　こうした中性子スキンや中性子ハローは，中性子星内部の中性子物質のミニチュア版であり，これらの性質から中性子物質の硬さ (EOS) の情報が得られる．たとえば，中性子スキンをもつ中性子過剰核に強い電場をかけると，図 9.4 (右) のように，スキンに対して，陽子・中性子の混じった芯核の部分が振動することがある．原子核に強い電場をかけると，陽子だけが電場に引かれて，陽子の集団と中性子の集団とが互いに逆位相で振動する「**巨大共鳴** (giant resonance)」が起こることが知られているが，この中性子スキンと芯核と間の振動は，振動エネルギーが小さいので「**こびと共鳴** (pigmy resonance)」と呼ばれている．この振動が収まる際に発生する電磁波 (ガンマ線) のエネルギーを測定してその振動数や振幅 (遷移強度) を測ると，そこからスキンの硬さがわかる．あるいは，別の方法でスキンの厚みを正確に測ることによってもスキンの硬さがわかる．こうして，ミニ中性子物質である中性子スキンの性質から中性子物質の状態方程式の情報が得られる．このような研究を通して，中性子物質の EOS 曲線の $\rho \sim \rho_0$ 付近でのエネルギーの大きさ (縦軸の位置) と傾きが少しずつわかってきた．

　ところが，この中性子スキンの密度は，核密度 ρ_0 と同程度かそれより小さい．密度が ρ_0 より大きいところでの中性子物質の EOS 曲線を調べるには，加速器で作った中性子過剰核のビームを別の標的核に衝突させ，その際に発生するさまざまな粒子を測るという方法がある．衝突の瞬間に密度 $2\rho_0$ 程度に圧縮された中性子の多い核物質がどのような性質をもっているのかがわかると期待されている．

　こうした研究を進める世界最高の施設が，理化学研究所の RI ビームファクト

リー (**RIBF**) である．第5章に述べられているように，RIBF では，さまざまな原子核のビーム (重イオンビーム) を標的核に衝突させてビーム原子核を破片に分解し，その中から特定の陽子数と質量数とをもつ原子核をより分けることによって，さまざまな不安定核のビームを生成することができる．中性子スキンを持つような特定の中性子過剰核ビームを作り，これを図 9.4 (右) のように重い核の近傍を通過させることで強い電場を与えて上記のような振動を起こさせ，発生するガンマ線を測定する実験が予定されている．また，中性子過剰核と標的核の衝突反応で生ずる多数の粒子を捕らえる大型の分光装置を建設し，密度 $\rho_0 \sim 2\rho_0$ 程度の中性子過剰核物質の性質を調べる実験も予定されている．

9.3 ハイパー核とストレンジ核物質

中性子星外核の中性子物質の性質はまだよくわかっていないが，外核が中性子物質でできていることはほぼ間違いない．それに対し，中性子星の内核についてはいまだに専門家の間でも統一的な理解が得られていない．9.1.3 節で述べたように，中性子の一部がハイペロン粒子に転換してそれらが安定して存在しているといわれる理由は以下の通りである．

まず，原子核の中の核子の動きを考えてみよう．原子中の電子は，正電荷をもつ原子核がつくるクーロン力のポテンシャル中で，量子力学によって決まる s 軌道，p 軌道，d 軌道，f 軌道，… (化学でいう K, L, M, N 殻とほぼ対応する) を回っている．電子は各軌道には決まった個数しか入れないという量子力学の規則 (同じ量子状態には電子は一つしか入れないという**パウリ排他律**) によって，内側の軌道から順に電子が詰まっていく．原子核においても，それぞれの核子は残りの核子全体からある平均的な引力を受けるので，原子中の電子と同様に，引力ポテンシャルの中を運動することとなり，陽子・中性子はそれぞれ s, p, d, f,… 軌道を内側から順に埋めて，それぞれの軌道を回っている．エネルギーの低い軌道から順に空席を作らずに埋めていることが絶対温度 $T=0$ に対応する．

中性子星が中性子だけでできた巨大な原子核だと考えると，中性子は無数の軌道を順に埋めてそれぞれ整然と回っていて，全体が巨大な量子系になっているといえる．密度が大きい中心部では，一部の中性子は，光速の 1/2 程度という非常に速いスピードで回っていることが計算からわかる．Λ 粒子の質量は中性子の

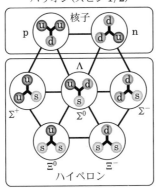

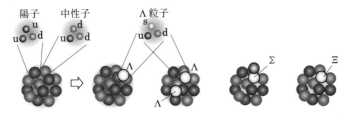

図 9.5 (上) 六つのクォーク (図 2.3 (p.26)) のうち u, d, s からなるバリオンでスピン 1/2 のものは 8 種類あり，s クォークを含まないものが核子 (陽子 p と中性子 n) であり，s クォークを含むものがハイペロン (Λ 粒子, Σ 粒子, Ξ 粒子) である (なお, [uds] の組み合わせでできたハイペロンは, Λ と Σ^0 の 2 種類がある). (下) ハイペロンを含む原子核をハイパー核という.

質量より 2 割大きい (すなわちエネルギーが高い) ため, Λ 粒子は中性子へと変化できるがその逆は起こらないはずである．しかしこのように高速で走る中性子は，その大きな運動エネルギーのため, Λ 粒子の質量エネルギーより大きな全エネルギー (質量 + 運動エネルギー) をもつ．そのため，中性子は Λ 粒子に変化して一番深い軌道 (s 軌道) に入ったほうがエネルギー的に得になる．Λ 粒子は中性子とは別粒子なので，パウリ排他律に従うことなく中性子で埋まっているどの深い軌道にも入ることができる．こうして，全体のうちある割合の中性子は Λ 粒子に変化して深い軌道に入っていくのである．

このとき, Λ 粒子と中性子の間の力 (核力) が引力であると，中性子は Λ に変

わることで余分にエネルギーを得することになる．Λと中性子の間の引力の強さによって，Λ粒子がどれだけ発生しやすいかが変わる．実は，Λ粒子と中性子の間の引力の大きさは，以下に述べるハイパー核の研究からすでによくわかっており，引力は比較的強く，よって中性子星内部で密度が$2\rho_0$を越えたあたりからΛ粒子が発生することが計算から導かれる．

通常の原子核は陽子と中性子を構成要素として成り立っているのに対し，Λ粒子などのハイペロンが構成要素として加わった原子核を**ハイパー核**といい，図9.5 (下) に示すように，Λ粒子が1個または2個入った原子核，**Λハイパー核**，**ΛΛハイパー核**が実験で作られている．ハイペロンは大型加速器で比較的容易に生成することができる．ハイペロンは数百ピコ秒程度で崩壊するが，これは原子核中を粒子が回る周期より十分に長いため，ハイペロンを原子核に入れたハイパー核の性質を詳しく実験で調べることができるのである．

図9.6 は，イットリウム原子核$^{89}_{39}\text{Y}_{50}$の中性子1個をΛ粒子に入れ替えて作ったハイパー核$^{89}_\Lambda \text{Y}$ (陽子39個，中性子49個，Λ粒子1個からなる) のエネルギーを分析したものである．KEK (高エネルギー加速器研究機構) の陽子シンクロトロン施設 (KEK-PS) で得られるパイ中間子ビームをイットリウム原子核に当ててこのハイパー核が作られた．横軸はこのハイパー核のエネルギー (質量) で，縦軸は，そのエネルギーのハイパー核が作られた回数 (事象数) である．ほぼ等間隔に並ぶピークは，Λ粒子が図のようにs, p, d, f, … 軌道を回っている状態に対応する．上記のように，陽子や中性子は下の軌道から順番にぎっしりと詰まっているが，Λ粒子は1個しかないので，どの軌道に入ることもできる．図9.6 (左) のエネルギースペクトルのピークは，Λ粒子がそれぞれの軌道を回っている状態に対応する．このデータから，Λ粒子が原子核中で感じる引力の強さ (ポテンシャルの深さ) は，核子同士の引力の約2/3であることがわかった．

ところで，ハイペロンにはΣ粒子，Ξ粒子もある．以前は，Σ粒子と核子の間の力は引力だと思われており，中性子星の内部ではΣ^-粒子がΛよりも発生しやすいと考えられていた．しかし，Σ粒子を原子核に入れようとしても，例外的な場合を除き，Σが原子核から弾き出されること，つまりΣと核子の間の力はかなり強い斥力であることがKEKでの実験からわかった．よって，中性子星の中にΣは発生しない可能性が高い．一方，sクォークを二つ含むΞ粒子が入っ

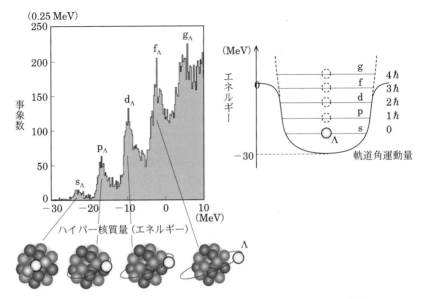

図 9.6 (左) イットリウム原子核 $^{89}_{39}Y_{50}$ の中性子 1 個を Λ 粒子に入れ替えて作ったハイパー核 $^{89}_{\Lambda}Y$ の質量スペクトル. 横軸がハイパー核の質量 (エネルギー) であり, Λ と $^{88}_{39}Y_{49}$ とが束縛する限界のエネルギー (Λ と ^{88}Y の質量の和) をゼロとしている. (右) Λ 粒子の受ける力のポテンシャルとエネルギー準位. Λ 粒子は, 核子全体から受ける引力ポテンシャルの中で, ほぼ等間隔のエネルギーの軌道 s, p, d, f, … のどれかに入っている.

たΞハイパー核は, まだ実験で作られたことがなく, Ξが原子核から引力を感じるかどうかはわかっていない. もしある程度強い引力を感じるとすると, ΞもΛとともに中性子星内部に安定に存在するはずである. こうして, 中性子星中心部の高密度領域では, ΛやΞが中性子や陽子とともに混ざった物質「ストレンジ核物質」ができていると予想されている.

ハイパー核研究の世界の拠点は, 茨城県東海村の大強度陽子加速器施設 J-PARC (図 9.7) の「ハドロン実験施設」である. J-PARC は 2009 年に完成した新しい施設で, 400 MeV 線形加速器, 3 GeV 高繰り返しシンクロトロン, 50 GeV 主シンクロトロン (現在のエネルギーは 30 GeV) からなり, これらで陽子を加速して世界最高強度の 3 GeV および 30 GeV の陽子ビームを生成する. その陽子ビームを標的物質に当てて, 原子核と陽子ビームの反応によって, 大強度の中性子

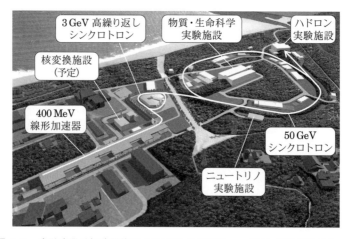

図 **9.7** 大強度陽子加速器施設 J-PARC の鳥瞰図．ハドロン実験施設において
ハイパー核の研究が進められている (JAEA/KEK J-PARC センター提供の画像
をもとに改変)．

ビーム，ミュー粒子ビーム，ニュートリノビーム，そしてパイ中間子やK中間子ビームを作ることができる．ハイパー核の実験では，50 GeV シンクロトロンで加速された陽子ビームをハドロン実験施設に射出し，標的物質に当ててその原子核を壊し，中から出てくるパイ中間子やK中間子をビームとして取り出す．この中間子ビームをさらに別の標的核にあてて，原子核中の中性子または陽子1個を Λ 粒子などのハイペロンに変化させる．その際に放出される別の中間子やガンマ線を測定することで，作られたハイパー核の質量や励起エネルギーを精度良く測定することができる．これまで，日本人研究者は実験・理論の両面で世界のハイパー核研究をリードしてきた．今後も，中性子星中心部の謎の解明にむけた研究の大きな進展が期待されている．

ところで，こうした中性子星内部のハイペロンの存在に関連して最近生じた大問題について述べておこう．少なくとも Λ は核内で引力を感じるため，$2\rho_0 \sim 3\rho_0$ 程度の密度で必ず発生する．ハイペロンが発生すると，中性子星は軟らかくなって圧縮が進むため，通常の原子核理論から求められた EOS 曲線を用いて計算すると，太陽質量の 1.5 倍より重い中性子星は存在できないことが導かれる．ところが，2010 年と 2013 年に太陽質量の 2 倍の中性子星が相次いで発見された．こ

の矛盾は，核子やハイペロンを含むバリオン間の力が高密度で急激に強い斥力となり，EOS 曲線が高密度で急に硬くなっていることを示唆している．クォーク多体系である核子は，お互いが重なり合うような近距離に近づくと激しく退けあう「斥力芯」という力を及ぼし合うが，その起源は理解されていない．重い中性子星のパズルは，斥力芯を含む核力のクォーク描像に基づく理解と，高密度での核力の正しい扱い方 (3 体核力の理解) という原子核物理の基本問題の解決を求めているようである．

9.4 中性子星の観測による研究

上記のような実験を重ね，そのデータをもとに理論的な分析を行い，さらに原子核物理の理論的枠組を改良することで，より正しい EOS を求めることができると期待される．EOS が決定できれば中性子星の構造を計算することができる．しかし，そうして得られた予測が本当に正しいかどうかは，実際の観測で確認する必要がある．そのための手段として，中性子星の表面から発せられる X 線の測定，および中性子星同士の合体の際に発生する重力波の測定が待たれている．

9.4.1 X 線天文衛星による観測

中性子星の強い重力によって周囲の物質が引き込まれて高温になることで，強い X 線が発生する．これを観測することで中性子星の性質がわかる．ただし，X 線は地球大気で吸収されるため，X 線望遠鏡を積んだ観測衛星を打ち上げて観測しなければならない．日本はこの X 線天文学の分野でも伝統があり高い技術をもっている．

9.1.4 節で述べたように，中性子星の半径と質量を正確に測ると，中性子星内部の物質の EOS の情報が得られる．しかし，これまでに中性子星の半径を正確に測定した例はない．中性子星からの X 線を観測していると，10 秒程度の短い時間だけ突発的に強力な X 線が発生することがあり，**X 線バースト**と呼ばれている．これは，中性子星の表面に降り注ぐ物質が加熱して爆発的な核融合反応を起こす現象と考えられている．この核融合反応が中性子星の表面大気全体に広がり，しかも同じ温度の黒体輻射を表面全体から発していると仮定すると，スペクトルの測定によって温度がわかれば，黒体輻射の性質から単位表面積あたりの光

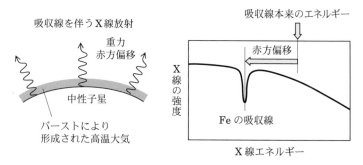

図 9.8　中性子星表面から放出される X 線が中性子星の重力によって赤方偏移する様子 (左) と，その X 線スペクトルの模式図 (右)．中性子星表面の Fe などによる吸収線が本来のエネルギーより低いところに観測される．

度が決まる．中性子星までの距離が別の方法で推定できる場合，測定した X 線の強度から絶対光度がわかるので，中性子星の表面積が計算できることになる．こうして半径を求めると，10〜15 km 程度の値が得られる．ただし，この方法はいくつかの仮定や推定に基づくため，信頼性が十分に高いとはいえない．

　信頼性の高い半径の測定方法として，吸収線の**重力赤方偏移**を測定する手法[2)]が期待されている．図 9.8 に示すように，中性子星表面の X 線バーストのスペクトルに鉄などの元素の吸収線がみえると，その波長が本来のその元素の吸収線 (**特性 X 線**) の波長からどれだけずれているか (赤方偏移しているか) によって，中性子星表面の重力の大きさがわかり，そこから半径の情報が得られる．こうした X 線バースト中の吸収線の測定のためには，X 線の波長 (エネルギー) の測定分解能がきわめて高い必要があるが，従来の X 線検出器では吸収線を確実に捕らえることはできなかった．2015 年度に JAXA 宇宙科学研究所が打ち上げる予定の X 線天文衛星 **ASTRO-H**[3)](図 9.9) は，画期的な高分解能の熱量計型 X 線検出器を組み込んだ新型の X 線望遠鏡を搭載しており，初めて中性子星の X 線バーストのスペクトル中に明確に吸収線を観測することができると期待されている．この新型の熱量計型 X 線検出器は，宇宙科学研究所で開発されたもので，

[2)]強い重力場での時間の進みが遅れて見える一般相対論の効果により，強い重力場中で発した電磁波の振動数が外から見ると下がって見える現象．

[3)]ASTRO-H については，http://astro-h.isas.jaxa.jp/ を参照のこと．

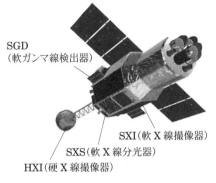

図 9.9 (左) 2015 年度に打ち上げが予定されている X 線天文衛星 ASTRO-H の概略図. (右) 新たに開発された軟 X 線望遠鏡のマイクロ熱量計型 X 線分光器 (左図の "SXS")(T. Takahashi *et al.*, "The ASTRO-H X-ray Observatory", *Proc. SPIE Int. Soc. Opt. Eng.*, **8443** (2012) 1Z).

極低温に冷やした小さな固体センサーに X 線が入射した際に上昇する固体の温度を測定することにより,これまでの 100 倍近い分解能で X 線のエネルギーを測定できるようにしたものである.

9.4.2 重力波による観測

重力波とは,時空のゆがみが波として空間を光速で伝わるものであり,一般相対論によって予言されている.大質量の天体が回転したり衝突したりするという加速度運動をする際に放出される.重力波の直接観測には,いまだ誰も成功していない.ただし,重力波がアインシュタインの予言通りに放出されることは間接的に証明されている.中性子星同士の連星が回転しながらその周期を少しずつ速めていることがハルス (R. Hulse),テイラー (J. Taylor) によって観測され,その変化が,重力波のエネルギー放出で生ずる周期変化を一般相対論で計算した値とぴったり一致したのである.しかし,こうした連星系の放出する重力波はきわめて微弱で実際にこれを観測することは容易でない.

ところが,連星の中性子星同士が最後に合体する瞬間には強い重力波が発生する.その強い重力波は,最近建設されたいくつかの重力波望遠鏡によって,近いうちに観測されるのではないかと期待されている.中性子星の連星は多数発見されており,これらは少しずつ回転しながら重力波を発してエネルギーを失い,回

転半径が小さくなって，いずれ合体する．日本では，岐阜県神岡に建設が進んでいる重力波望遠鏡 **KAGRA** が完成すれば，1 年程度のうちに**中性子星合体**による重力波が観測できると期待されている．

　中性子星の合体時に発せられる重力波は，合体した瞬間が最も強いが，合体した中性子星が軟らかくてぶよぶよと振動しながら一つになるか，中性子星が硬くてぐしゃっと一気に一つになるかによって，その時に発せられる重力波の波形が異なることが，最近可能になった一般相対論を正しく扱ったシミュレーションによって明らかになっている．さらに，中性子星が軟らかければ，合体したあと圧縮されてブラックホールになり，重力波が消失する．一方，中性子星が硬ければ，圧縮されないので大きな中性子星となって回転し続け，重力波を出し続ける．中性子星合体による重力波が観測されれば，それは史上初の重力波の直接観測であるばかりか，中性子星の硬さ，すなわち核物質の EOS の性質について，初めての直接的なデータを与えることとなる．

　KAGRA[4]では，レーザー光を二つに分けて長さ 3 km の直交する 2 本の経路を走らせ，それぞれの端で鏡で光を反射させて戻し，交点でその干渉を調べる．重力波が来ると，直交する二つの方向のうち一方の空間が伸び，他方の空間が縮む．よって二つの経路を通った光の干渉が，重力波が来る前と比べてずれる．装置は地下に設置し，冷却した高精度の鏡を用いて，わずか 10 ナノメートルの伸縮をも検出できるようになっている．現在，KAGRA の建設が 2015 年末の稼働を目指して進められている．

9.5　おわりに

　中性子星は，宇宙に存在する天体の中でもとりわけ我々の常識を外れたもので，これまでも中性子星に関するさまざまな研究が物理学や天文学の発展をうながしてきた．特に，中性子星内部の物質は我々のこれまでの「物質の常識」を大きく外れており，これを理解するためには，原子核物理学，素粒子物理学，原子物理学，物性物理学，天体物理学，天文学といった広範な科学を総動員する必要がある．日本でも，加速器等による地上実験，X 線天文観測，理論研究を連携さ

---

[4]KAGRA については，http://gwcenter.icrr.u-tokyo.ac.jp/ を参照のこと．

せた研究が進められている[5]．

　物質は何からできているか？というギリシャ時代以来の問いに対し，19世紀の科学者は「原子でできている」と答えた．20世紀前半の科学者は「陽子・中性子(からなる原子核)と電子とでできている」と答えた．現在では，宇宙に安定に存在するマクロな物質は，すべてu, dクォークと電子という3種の素粒子からできている，というのが常識である．しかし，中性子星内部の物質には，電子が存在しない．これは従来の物質科学がまったく適用できない新しい物質世界である．さらに中性子星の中にsクォークが安定に存在することが確立すれば，物質はu, d, sクォークと電子の4種の素粒子から成り立っている，というのが21世紀の常識となるだろう．このように，中性子星は我々人類に物質観の拡張と転換を迫っているのである．

参考文献

[1] 中性子星については，小山勝二，嶺重 慎編『ブラックホールと高エネルギー現象』，日本評論社 (2007)，第1章．
[2] 中性子過剰核と中性子星の関連については，
http://be.nucl.ap.titech.ac.jp/research.html
[3] ハイパー核については，
http://lambda.phys.tohoku.ac.jp/strangeness/introduction-j.html
[4] X線天文学については，井上 一，小山勝二，高橋忠幸，水本好彦編『宇宙の観測III――高エネルギー天文学』，日本評論社 (2008)，第1章．
[5] 重力波については，[4]と同書，第5章．

---

[5] 文科省の科研費新学術領域研究「実験と観測で解き明かす中性子星の核物質」(2012〜2016年度)，http://lambda.phys.tohoku.ac.jp/nstar/ を参照のこと．

[第10章]

ダークマターの正体をあばく

伊藤好孝

10.1 宇宙のダークマター

　ダークマターは，宇宙の物質の大半を占めながら，光も発せず観測にもかからない謎の存在である．ダークマターの存在は，古くから議論されてきた．最も有名なものは銀河の回転曲線問題である．我々の銀河系は典型的なうずまき銀河で，中心に星が球状に密集した「バルジ」と呼ばれる部分と，うずまき状の腕の部分「ディスク」からなっている．ディスクは直径約10万光年 (30 kpc) にわたる円盤で回転運動をしている (図 10.1)．我々の太陽系は，銀河の中心から 2.6 万光年 (8 kpc) の位置にあり，銀河ディスクの回転運動と一緒に 220 km/s の速度で白鳥座の方向へ動いている．銀河系のさらに外側には，ハローと呼ばれる領域があり，直径およそ 30 万光年に渡って球状に銀河系を包み込んでいる．

　回転運動をしている銀河系の星が遠心力でバラバラに飛んでいってしまわないのは，銀河系の持つ重力が引き寄せ，釣り合っているからである．銀河系の中心から距離 r にある星 (重さ m) が，回転速度 v で運動していたとする．銀河系がその星に及ぼす重力は，半径 r 以内にある物体の重さの総和 M で決まる．重力と遠心力が釣り合うことから，G を万有引力定数として，

$$v=\sqrt{\frac{GM}{r}} \tag{10.1}$$

となる．銀河の重さはほとんどバルジやディスクに集中していて M は定数と考えると，銀河の周辺部にある星について，星の回転速度は，距離の平方根に反比

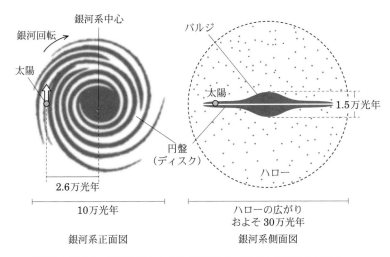

図 10.1 銀河系の模式図. 銀河は真ん中の星の密集したバルジと腕の部分のディスクからなる. その外側には球状のハローが銀河系を包んでいる. 太陽系はディスクの回転とともに銀河中心から約 2.6 万光年の外側を約 220 km/s で動く. 遠心力と銀河の重力が釣り合っている.

例して遅くなるはずである. ところが, 実際に観測されている銀河系の回転速度は銀河の周辺部でもほとんど遅くならず一定のままである. これを説明するためには, 重力を作っている銀河の物質がバルジに集中しておらず, ハローなどの周辺部にも広がり, M が距離 r とともに大きくなるとすればよい. この式に実際の星の回転速度を代入すると, 遠心力と釣り合うだけの重力を作るためには, 太陽の約 1 兆個分の質量が必要である.

一方で, 銀河系の質量はその明るさから推定することができる. 我々の太陽は銀河では最もありふれた星 (主系列星) であり, その質量 M_s (2×10^{30} kg) と明るさ L_s (3.6×10^{26} W) を, 明るさから重さに変換するための基準として使うことができる. 我々の銀河の重さを明るさから見積もると, 太陽約 1000 億個分となり, 回転速度から求めた銀河系の質量に約 10 倍足りない, ということになる.

10.1 宇宙のダークマター

つまり，銀河には光を発しない物質が，星の質量の総和の約 10 倍あり，それは銀河ハロー全体に分布している．これが銀河のダークマターである．

この他にも，宇宙のさまざまな場所にダークマターの証拠がある．歴史的には，ダークマターの最初の指摘はツヴィッキーによるかみのけ座銀河団中の銀河の速度の解析からであった．銀河団中の銀河は互いの重力で引き寄せられて固まっているが，その速度を測ってみると，銀河団中の星の総量の 400 倍以上の質量による重力がなければバラバラになってしまうことがわかった．ダークマターの必要量は，銀河の場合の約 10 倍よりもずっと大きい．一般に，対象が大きいほど，必要なダークマターの割合はより大きくなる傾向がある．

一方，宇宙での元素合成の研究や，宇宙背景放射のゆらぎの観測により，宇宙初期に生成された物質の総量や，その中で星の材料となる通常の物質 (バリオン物質) の総量が明らかになってきた．これによれば，宇宙の全エネルギーのうち，約 70%は宇宙膨張の加速を引き起こしているダークエネルギーで，物質が占める割合は約 30%にすぎない．その物質のうち，通常の物質 (バリオン) の占める割合はさらにその約 5 分の 1 に過ぎず，物質の大半は電磁波と相互作用しない「コールド・ダークマター」と呼ばれる得体のしれない存在である．これら「コールド・ダークマター」が銀河のダークマターの正体と考えるのが自然である．しかし，バリオン物質のうち，星となって光を出しているものはさらにその 5%であり，バリオン物質の 95%の所在は銀河団ガスにあると考えられるが，完全に所在はわかっていない (ミッシングバリオン問題と呼ばれる)．

10.2 ダークマターの候補

ダークマターの候補は，通常の (バリオン) 物質である場合と，素粒子的な場合に大別される．前者は，光を出さない星，あるいはブラックホールになっている可能性である．これは Massive Compact Halo Object (重たいコンパクトな銀河ハロー天体) の頭文字をとって，**MACHO** (マッチョ) と呼ばれる．これらは重力を通じてしか観測の方法がないため，重力マイクロレンズ効果を用いて探索が行われている [1]．

素粒子である場合は，電荷をもたず，通常の物質とほとんど相互作用せず，寿命が宇宙年齢程度に長い素粒子が候補となる．我々がすでに知ってる素粒子の中

では，ニュートリノがこの条件を満たしている．ニュートリノはビッグバン直後の宇宙で大量に生成され，宇宙背景ニュートリノとして残存している．ニュートリノに質量があれば，これらはダークマターの候補となりうる．ニュートリノは質量が非常に小さく，以前は実験的にその質量は明らかになっていなかった．1998 年に，日本のスーパーカミオカンデ実験 (図 3.7 (p.55)) によりニュートリノ振動が発見され，ニュートリノが有限の質量を持つことがわかった (第 3 章参照)．しかしニュートリノの質量は軽すぎて，ダークマターのごく一部にしかならないこともわかった．ダークマターが軽すぎると光速で飛び交ってしまい，銀河団など宇宙の大規模構造の形成と矛盾することもわかってきた (熱いダークマターと呼ばれる)．したがって，ダークマターの主成分は，ニュートリノのように相互作用が弱く，もっと重く，光速にくらべ充分に遅い速度を持つ未知の粒子ということになる．このような性質を持つ素粒子を Weakly Interacting Massive Particle (弱く相互作用する重たい粒子) の頭文字を取って **WIMP** (ウィンプ) と呼ぶ．

　素粒子のふるまいを記述する「標準理論」は，これまでのほとんどの実験結果を驚くべき精度で説明できる非常に完成された理論である．その最後のミッシングピースであったヒッグス粒子も 2012 年に発見された (第 2 章参照)．しかし，まだ説明できない謎が残っており，これを解決する仮説の一つとして超対称性理論が提唱されている．この理論では，すべての素粒子に対してスピンが 1/2 だけ違う超対称性パートナー粒子が存在していると考える．このうち光子や弱い相互作用を伝える Z ボソン，およびヒッグス粒子のそれぞれの超対称性パートナー粒子が混ざり合ったものは，ニュートラリーノと呼ばれている．後述するように，ニュートラリーノは宇宙初期の超高温の時代にたくさん生成されていたと考えられるが，もし安定 (充分長寿命) であればちょうど WIMP として必要な条件を満たすダークマターとなる．超対称性理論というまったく別の目的で提案された素粒子理論がちょうどダークマターとなる素粒子の存在を予言することは興味深い一致である．

　WIMP とは別に，素粒子的ダークマターとして考えられているのが**アクシオン**である．アクシオンとは，クォークを結びつけている強い相互作用で，理論的に起こってよいはずの CP の破れ (第 3 章参照) の現象が，実験的にはまったく

見つかっていない，という事実を説明するために導入された仮想的な粒子である．アクシオンも宇宙初期に大量に生成されダークマターとなっている可能性がある．その場合アクシオンは非常に軽い粒子と考えられ (10^{-6}–10^{-3} eV 程度)，強磁場中で光子に転換する．これまでに磁場中でマイクロ波に転換したアクシオンを探索する実験がいくつかなされている．アクシオンも有力なダークマターの候補だが，本章ではここまでにとどめる．次節では，これまであげたダークマターの候補の探索の現状を見ていこう．

10.3 望遠鏡で探るMACHO天体

10.3.1 MACHOと重力マイクロレンズ現象

　星は水素，ヘリウムからなる星間ガスが自分の重力で収縮し，温度が上昇して核融合反応が点火して誕生する．太陽程度の質量を持つ星 (太陽の 0.08 倍から 8 倍程度) の場合，最終的に赤色巨星となった後，自身のガスをまき散らして惑星状星雲となり，その中心には核融合の結果できた炭素などの星の芯「**白色矮星**」が残る．白色矮星は太陽のおよそ半分程度の質量を持ち，できた当初は青白く光っているが，冷えるとともに光を発しなくなる．一方，太陽の 0.08 倍よりも軽い星は，水素の核融合の点火に至らず，そのまま冷えて観測されなくなる可能性がある．これらはMACHOとなっている可能性がある．

　MACHO は自身では光や電磁波を出すことができないため，光学的には観測不可能であるが，その重力を利用して検出ができる可能性がある．アインシュタインの一般相対性理論によれば，重力場が存在すれば光が曲がる．天体の重力場によって背後の星の光がレンズのように曲げられて届く現象を**重力レンズ現象**と呼ぶ．図 10.2 のように，観測者とレンズ天体，背後の天体が一直線上に並ぶケースを考える．背後の星からの光が，途中のレンズ天体 (今の場合 MACHO) の近傍を通るときにわずかに曲げられて観測者に届く．観測者からは，MACHO がレンズのように背後の星の光を集光するため，明るくなったように見える．背後の天体が，観測者–レンズ天体の線上に近づくほど光は大きく曲がり，集光率は高くなる．

　実際には星々はランダムに別方向へ動いているため (固有運動と呼ばれる)，背

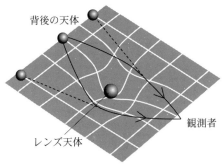

重力による時空のゆがみ

図 10.2　観測者とレンズ天体となる MACHO, 背後の天体がほぼ一直線に並んだとき, 背後の天体からの光がレンズ天体の重力によって曲げられ集光する. 虚像は望遠鏡の分解能では分離せず合わさって増光として観測される. レンズ天体と観測者が相対的に動いているので, 時間的に増光率は変化し, 同じように減光する.

後の星 (背景天体) はレンズ天体の背後を通り過ぎ, 集光率は時間とともに変化することになり, 一時的な増光現象が観測される. これを「重力マイクロレンズ現象」と呼ぶ. 1980 年代後半に, パチンスキー (B. Paczyński) は, 銀河ハローに MACHO があるなら, そこを透かして星の密集する小マゼラン星雲を毎晩観測すれば, 重力マイクロレンズ現象による増光現象が捕まえられるはずだ, と提唱した. 重力マイクロレンズ現象が起こるためには, MACHO と背後の星がたまたま一直線上に並ばなければならない. この確率はおよそ 1000 万個の星を毎晩観測して, やっと 1 年間に 1 回おこるかどうかという頻度である. それ以前まで主流だった写真乾板による観測では到底無理な相談だったが, 当時登場した CCD カメラによる自動観測とコンピューターによる画像処理技術により, このような膨大な観測が可能になった

10.3.2　MACHO はあったのか

パチンスキーのアイデアに呼応して, 90 年代に入って **MACHO** グループ (こちらは実験チーム名) と **EROS** グループの二つのグループが, 口径 1 m クラスの望遠鏡をそれぞれ占有して, 大小マゼラン星雲の毎晩の観測を始めた. 最初の数年間はまったく何も見つからなかったが, ついに 1993 年, MACHO グルー

プが最初の重力マイクロレンズ現象による星の増光を確認した．両グループはその後，約 10 年間観測を続け，銀河ハロー中のマイクロレンズ現象による増光を探索した．その結果，MACHO グループは 1200 万個の星を 5.7 年間観測し，12 個のマイクロレンズ現象を発見した．一方，EROS グループは 700 万個の星を 6.7 年間観測したが，マイクロレンズ現象による増光は見つからなかった．この 2 グループの結果は互いに矛盾しているのだろうか？ MACHO グループが発見した 12 個のマイクロレンズ現象がすべて MACHO 天体によるものだったとしても，銀河ハローに期待されるダークマターの量のおよそ 15–28 ％にしかならない．EROS グループは MACHO 天体が銀河ハローダークマターに占める割合の上限値としてせいぜい 8％以下，という結果を得ている．つまりどちらも，MACHO 天体が銀河ハローダークマターの主成分ではない，という結論は同じである．MACHO グループと EROS グループ，それぞれが得たダークマターに MACHO 天体が占めうる割合は食い違っているが，統計のふらつきを考慮すると，ぎりぎり 8 ％程度の値で両者の結果は重なっている．

　一方，MACHO グループが観測した重力マイクロレンズ現象による星の増光期間はおよそ 1 か月程度のものが多かった．増光期間 t_E は重力レンズ天体の持つ質量 M と以下の関係がある．

$$t_\mathrm{E} = \frac{R_\mathrm{E}}{v} = \sqrt{\frac{4GM}{c^2}D_s x(1-x)} \Big/ v \tag{10.2}$$

ここで，R_E はアインシュタイン半径と呼ばれる量で，重力レンズの大きさに対応する．これをレンズ天体と背景天体の相対速度 v で割ったものが増光期間 t_E になる．D_s は背景天体までの距離で，ここではマゼラン星雲までの距離 (約 14 万 8 千光年)，x は背景天体とレンズ天体の距離の比を表す．c は光速度，G は万有引力定数である．この式から，天体の固有速度やハロー中での位置を仮定して，MACHO グループが観測したレンズ天体のおよその質量を見積もると，太陽質量の約半分程度，という結論になる．これはちょうど典型的な白色矮星の質量になる．つまり，銀河ハローダークマターの質量の約 1 割分，白色矮星が存在しているということになる．光っている星の 10 倍のダークマターが存在していることを考えると，これは恒星とほぼ同程度白色矮星が存在している，という結論になる．しかし白色矮星は太陽程度の質量が寿命を終えた後に残る星の芯であり，

太陽の典型的な寿命 (約 100 億年) を考えると，このような天体が現在の銀河系に恒星と同量できている，というのも考えにくい話である．

一方，見つかった重力マイクロレンズ現象を起こしたレンズ天体の場所が必ずしも銀河ハローにあったかどうかは確実ではなく，たとえばレンズ天体も背景天体も両方とも銀河系のディスク，もしくは大マゼラン星雲中の星であった可能性がある．これを**セルフレンジング**と呼び，その頻度は銀河系や大マゼラン星雲の構造にもよるが，先の "8%" という量は，すべて**セルフレンジング**で説明可能とも考えられている．そうであれば，ハロー中に MACHO 的な天体は存在しなくてもよいことになる．

MACHO, EROS グループに遅れて重力マイクロレンズ観測を始めた **OGLE** グループも，大マゼラン星雲方向に 4 個のマイクロレンズ現象を発見しており，得られた銀河ハローダークマターに対する割合は，ちょうど MACHO グループと EROS グループの結果が重なり合う 9%，レンズ天体の典型的な質量として太陽の約半分という結果を報告している．日本でも名古屋大学，大阪大学を中心にした **MOA** グループが，ニュージランド南島テカポ湖畔にあるカンタベリー大学マウントジョン天文台に，専用の 1.8 m 望遠鏡を設置して，重力マイクロレンズ現象の観測を 10 年に渡り継続中で，大マゼラン星雲方向にいくつかのマイクロレンズ現象を見いだしている．当初 MACHO 探索としてはじまった重力マイクロレンズ現象の探索だが，近年は太陽系外惑星の新たな探索手法としても注目されるようになった．現在も世界中の望遠鏡による活発な観測が続いている．

10.4 地下実験で探るダークマター

重力マイクロレンズ観測から，MACHO は銀河ハローダークマターの主成分ではなさそうであることがわかった．また宇宙背景放射の観測から，ダークマターの主成分は，通常の物質とほとんど相互作用をしない**コールド・ダークマター**であることがわかっている．ここでは素粒子的なダークマターである WIMP の可能性を考える [2]．

10.4.1 WIMP の散乱を探る

WIMP の素粒子としての性質は，相互作用がニュートリノ程度かそれよりも弱いこと，電荷を帯びていないこと，寿命が宇宙年齢程度に長いこと，重さはおそ

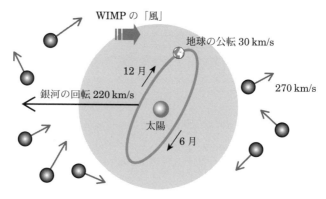

図 **10.3** WIMP がランダムに運動する中を，太陽系が銀河回転によって白鳥座の方向へ突っ切ることにより，WIMP の風を受ける．地球が公転していることにより，春夏 (秋冬) はさらに公転速度が足される (引かれる) ため，WIMP の「風速」は季節変動する．

らく陽子よりも重く光速にくらべ充分遅いことだけがわかっている．このような粒子が，銀河のハローに球状に広がっており，太陽系付近での質量密度は，太陽系の運動速度を説明するには 1cm^3 あたり，陽子質量の 3 分の 1 程度 ($0.3\,\text{GeV}/c^2\,\text{cm}^{-3}$) が必要である．したがって，WIMP が陽子の 100 倍の質量 ($100\,\text{GeV}/c^2$) だった場合には，およそ 1 辺 7 cm の箱の中に 1 個の割合で WIMP が存在していることになる．ちょうど地球大気中の空気分子のように，WIMP は銀河系の重力場の中で，マックスウェル分布に従い平均速度 270 km/s でランダムな方向に走りながら漂っている．その中を，銀河ディスクの回転運動とともに太陽系が秒速 220 km/s で突っ切って行き，観測者は WIMP の「風」を受けることになる (図 10.3)．

WIMP はニュートリノ同様，ほとんど物質とぶつからないが，ごくまれに原子核と衝突し弾き飛ばす．WIMP の平均的な速度は光速の 1/1000 程度なので，その運動エネルギーはおよそ数十 keV 程度である．WIMP との衝突で弾き飛ばされた原子核 (反跳原子核) もだいたいこの程度のエネルギーを持つ．この反跳原子核を検出する手法はダークマターの**直接探索**と呼ばれる．反跳原子核は，荷電粒子が通るとシンチレーション光という蛍光を出すシンチレーター検出器や，半導体検出器などにより，エネルギーの低い重い荷電粒子線として検出されるが，

このとき，鍵となるのは，原子核反跳による微弱なエネルギーを精度よく測定できる感度や，観測のじゃまになる検出器内外からの放射線を識別できる能力，またいかに大型の検出器を放射性不純物を除去してクリーンに作れるか，である．これに加え，実験は宇宙線の影響の少ない地下で行い，検出器の周囲は鉛や銅，パラフィン，または水などの放射線遮蔽壁で何重にも覆われる．このような努力によって減らした放射性不純物起因のニセ信号に比べて，WIMPによる原子核反跳起因の超過があったかどうかを調べることになる．

　WIMPが超対称性粒子であるニュートラリーノであった場合，LHCなどの高エネルギー加速器実験で得られているデータから，WIMPの質量や原子核と散乱する確率(散乱断面積と呼ぶ)をある程度予想し，範囲を制限することができる．たとえばWIMPの質量の下限値として，CERNでかつて行われた電子・陽電子衝突加速器実験LEPの結果から，$30\,\mathrm{GeV}/c^2$以上という制限がついていた．もっとも，これはさまざまな仮定を前提とした結論である．2010年からCERNで稼働を開始したLHCでは，さらに高いエネルギーで超対称性理論の検証や超対称性粒子の探索が行われたが，証拠は見つかっていない．その結果，TeV以下の質量を持つ超対称性粒子は考えにくい，という結果になっている．

　WIMPが原子核と散乱する確率を「**断面積**」という言葉で表す．断面積とは，一つの素粒子や原子核を的とみたときの面積(cm^2)にあたる．たとえば，太陽の核融合でできたニュートリノが電子と衝突する断面積は，典型的には$10^{-44}\,\mathrm{cm}^2$くらいである．WIMPと原子核の散乱を引き起こす相互作用には，原子核が持つ固有の角運動量(スピン)に依存するタイプ(スピン依存型相互作用)と，依存しないタイプ(スピン非依存型相互作用)がある．スピン非依存型の場合，WIMPの散乱断面積は原子核を構成している核子(陽子および中性子)の個数の二乗に比例して大きくなる．したがって，質量数の大きな原子核を標的とする実験ほど有利となる．一方，スピン依存型の場合は，特定のスピンを持った原子核としか散乱が起こらないので，標的に使う材料の選択が鍵になる．

10.4.2　WIMPの風，発見？

　銀河ハローを包むWIMPの「大気」の中を太陽系が$220\,\mathrm{km/s}$で動くことで，我々はWIMPの「風」を受けているが，実際には地球は太陽の周囲をさらに1

年間かけて 30 km/s の速度で公転している．太陽系が進む白鳥座の方向に対して公転面は約 60 度傾いており，観測者が受ける WIMP の風の強さは，1 年周期の変調を受けて 6 月と 12 月でそれぞれ最大，最小になる．この原子核反跳信号の季節変動は，WIMP を検出した有力な証拠となる．

数多くの WIMP 直接探索実験の中で，原子核反跳信号の季節変動を発見したと主張している実験がある．**DAMA 実験**は，1990 年代中頃からイタリアのグランサッソー地下実験施設で，100 kg のヨウ化ナトリウム (NaI) シンチレーター検出器を用いた長期観測を続けており，1998 年にはダークマターの「風」の季節変動を見つけたと報告した．発表当初は統計精度もあまりよくなかったが，2003 年からは NaI 検出器の量を 2.5 倍に増やした DAMA/LIBRA 実験となり，10 年以上にわたる季節変動の結果を発表している．これによると，WIMP による原子核反跳起源とされる数 keV 領域のエネルギーを持った事象数の変動は，たしかに 1 年周期で増減し，位相も地球の公転とぴったり一致している．これを本当に WIMP が散乱した証拠と考えると，WIMP の質量は 30 GeV から 100 GeV，WIMP と核子との散乱断面積 (スピン非依存型) として $10^{-41} \sim 10^{-42}$ cm^2 が示唆される (図 10.5 (p.182) 参照)．

しかし，DAMA/LIBRA 実験では，原子核反跳の信号と放射線不純物や外部放射線由来の信号を区別せず測定しているため，バックグラウンドの季節変動を見ている可能性がある．季節変動する可能性のある外部放射線源としては，地下でのラドンガスの量や，地下岩盤で反応する高エネルギー宇宙線ミュー粒子由来の中性子などが考えられるが，実験グループの見積もりによれば無視できる大きさとなっている．これらは夏冬の気温由来の増減であるので，南半球では位相が反転するはずである．南極氷床の穿った穴に DAMA と同タイプの NaI シンチレーター検出器を設置して季節変動を見る DM-Ice 実験が進行中で，バックグラウンドの季節変動については決着がつけられるかもしれない．より究極的には，反跳原子核の方向を測ることができれば，それが白鳥座の向きかどうかを調べることができる．神戸大によるガス検出器を使った試みや，名古屋大による原子核乾板を使った実験グループが，反跳原子核の飛跡同定に挑戦している．

10.4.3 WIMPの探索競争

DAMA実験以外にも，さまざまなタイプの検出器による結果が続々と現れ始めた．アメリカのスーダン鉱山で行われている **CDMS** 実験はその一つである．CDMS実験では，極低温に冷やしたシリコンやゲルマニウム半導体検出器を用いて，原子核反跳によって生じた電離を検出する．さらに，WIMPによって原子核が跳ね飛ばされたときに半導体結晶に生じる「振動」を，結晶表面に取り付けた**超伝導検出器**で検出している．超伝導検出器は非常に微弱なエネルギーでも検出可能である反面，超伝導状態にするために極低温に冷やす必要がある．半導体中での電離は，原子核が弾き飛ばされた場合には，電子が弾き飛ばされた場合に比べて小さめになるが，半導体結晶の「振動」エネルギーの大きさは弾かれた粒子の種類に寄らない．超伝導検出器の信号と電離信号の比を調べれば，WIMPが原子核を弾き飛ばした信号だったのか，周囲からのベータ線やガンマ線のような放射線だったか区別をすることができる．CDMS実験は，2009年の暮れに測定結果を発表し，それまでに2個のWIMP散乱候補を見つけたが，放射線バックグラウンド由来の事象の混入の誤認と見なせる数，という報告を行った．この結果，WIMPと核子のスピン非依存型散乱断面積として$3.8 \times 10^{-44} \mathrm{cm}^2$以下という上限値を得ている．

もう一つの実験手法として，キセノンやアルゴンなどの希ガスを冷やし，液体として検出器に用いる**液体希ガス検出器**がある．その中でも液体キセノンを用いる実験が急激に進展しており，**XENON実験**や**LUX実験**，日本の**XMASS実験**などがWIMP探索競争を繰り広げている．液体キセノンを用いる利点は，検出器本体はガスを低温に冷やして液化した液体なので，容器さえ大きいものを作ればよく，半導体や結晶シンチレーターを使う検出器に比べて大型化が比較的容易である．また，検出器中の放射性不純物は結晶の場合は製作時に混入したら取り除けないが，液体であれば実験開始後も純化装置でどんどんきれいにできる．また，キセノンは原子番号が大きいため，外部からくるガンマ線などの放射線は液体キセノンの外側で吸収され，中心部分にまで入り込めない．この放射線の「自己遮蔽能力」により，放射線バックグラウンドがきわめて少ない検出環境が実現する．

液体キセノンを用いた検出器は，液相のみの1相式と，液相と気相混在の2相

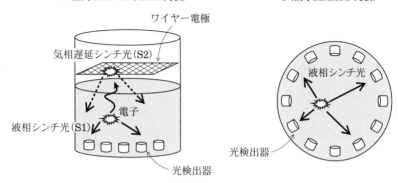

図 10.4 液体キセノン検出器は 1 相式と 2 相式がある．どちらも液相シンチレーション光 (シンチ光) を光検出器で測定するが，2 相式は電離電子を電場で気相に導き気相でのシンチレーション光も測定する．1 層式はシンプルな構造のためより多くの光検出器を並べることができる．

式がある (図 10.4)．1 相式としては，液体キセノンからのシンチレーション光をとらえることに特化した XMASS 実験がある．一方，XENON 実験，LUX 実験などは 2 相式である．この他，液体キセノンの代わりに比較的安価な液体アルゴンを用いた検出器として，**WArP 実験**や，**ArDM 実験**，早稲田大の **ANKOK 実験**などがある．

液体キセノン中で WIMP がキセノン原子核を弾き飛ばすと，周囲のキセノン原子の電離がいったん起こり，電子と再結合して励起状態になったキセノン原子から紫外線のシンチレーション光 (S1) が出る．2 相式では，検出器に電場をかけて電離した電子を液相から気相へ取りだし，ワイヤー電極に引き寄せて加速して，キセノン原子にぶつけて電子をたたき出す「電子なだれ」によって増幅する．このとき，気相でもシンチレーション光 (S2) が出る．液相の光 (S1) と気相の光 (S2) の時間差から，電離が起こった場所 (液面からの深さ) もわかる．2 相式のもう一つ重要な特徴は，液相の光 (S1) と気相の光 (S2) の光量の比により，電離を起こした粒子が原子核のような重いイオンか，電子のような軽い荷電粒子かが判別できる，ということである．この性質を利用して，WIMP が散乱した反跳原子核による事象を，周囲からのガンマ線やベータ線によるニセ信号と区別できるというのが，2 相式液体キセノン検出器の大きな利点である．

2相式の実験としては，2008年にイタリアのグランサッソー地下実験施設でXENON10実験がまず10 kg級の検出器を使った結果を出した．彼らは10個のWIMP散乱候補を見つけたが，すべて放射線起因のバックグラウンドによるものとして，CDMS実験と同程度のWIMP散乱断面積の上限値を得た．2012年には，体積を10倍にして検出器もクリーンにしたXENON100実験を行い，2個のWIMP散乱候補を見つけたものの，放射線バックグラウンド起因の可能性は否定できないとして，$2\times 10^{-45}\,\mathrm{cm}^2$ 以下というWIMP散乱断面積の上限値を得ている．現在最も感度のよい結果を得ているのは，アメリカの**サンフォード地下実験施設**で行っているLUX実験で，2013年暮れに370 kgの液体キセノンを使って $7.6\times 10^{-46}\,\mathrm{cm}^2$ 以下という上限値を発表している (図10.5)．

10.4.4　WIMPは軽いのか?

2相式液体キセノン検出器がどんどん大型化し，WIMP散乱断面積に対する感度を上げた探索を行っているが，WIMPが散乱した証拠は見つかっていない．ではDAMA実験が見つけた「WIMP散乱事象数の季節変動」はいったい何だったのだろうか？　もしDAMA実験が見たものがWIMPの散乱であったなら，その散乱断面積は $10^{-42}\,\mathrm{cm}^2$ 程度と，CDMS実験や液体キセノン実験で否定された上限値の4桁も大きな値でなければならない．

しかし液体キセノンによる探索はおもにWIMPの質量が $100\,\mathrm{GeV}/c^2$ 前後のものに感度がよい．WIMPの散乱により最も効率的に原子核が弾き飛ばされるのは，原子核の質量がWIMPの質量と同じときである．キセノン原子核の質量はおよそ陽子の136倍であるので，この程度の質量のWIMP探索に向いている．もしWIMPの質量が軽かった場合，重い原子核は弾き飛ばしにくい．弾き飛ばせても，弾き飛ばされた原子核はあまり運動量をもらえないので，低いエネルギーしか検出器に残せない．

一方，DAMA実験で用いられた検出器はヨウ化ナトリウム (NaI) であり，ナトリウムは比較的軽い原子核である (陽子の23倍)．また，液体キセノンと違い，結晶構造をしていることも低いエネルギーの反跳原子核を検出するのに有利になっている，という説もある．したがって，WIMPが非常に軽いため (たとえば陽子の数倍程度)，液体キセノン実験では検出できていないのだ，という可能性が

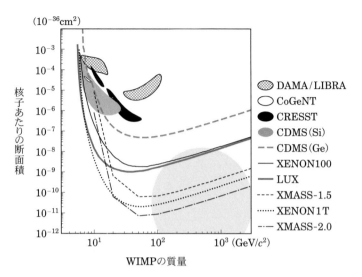

図 10.5 さまざまな直接探索実験で得られた WIMP と原子核との散乱断面積の結果. 縦軸は核子あたりの断面積, 横軸は WIMP の質量を表す. DAMA/LIBRA 実験, CoGeNT 実験, CRESST 実験, およびシリコン検出器による CDMS(Si) 実験が軽い $10\,\mathrm{GeV}/c^2$ 程度の WIMP について, 有限な断面積の値を発表している. 他の線はすべて上限値で, 上からゲルマニウム検出器による CDMS(Ge) 実験, XENON100 実験, LUX 実験. 点線は計画中の XENON1T 実験で期待される感度, 破線は日本の XMASS 実験の大型化計画 (XMASS-1.5, XMASS-2.0) で期待される感度. 灰色の円領域 (右下) は LHC 実験の結果を考慮した場合に期待される WIMP の質量と断面積の "およその" 範囲 (森山茂栄氏提供の画像をもとに改変).

ある.

DAMA 実験に続き, ゲルマニウム半導体検出器を用いた **CoGeNT 実験** グループが 1 年間程度の期間ながら事象数の季節変動が見えた, という結果を 2011 年に発表した. この結果が本当なら, WIMP として質量が陽子の 8 倍程度, 核子との散乱断面積は $3\times10^{-41}\,\mathrm{cm}^2$ 程度と, DAMA 実験と似たような値を示唆する. WIMP がこれくらい軽いと, 液体キセノンの実験でぎりぎり届くかどうか, というところである.

一方で, 2013 年にこれまで断面積の上限値のみを与えてきた CDMS 実験が, シリコン半導体で作った検出器での結果を発表し, 3 個の WIMP 散乱候補が観

測され，このうち放射線バックグラウンドで説明できるものは 0.4 個で，ひょっとすると WIMP の散乱かもしれない，という報告を出した．これによれば WIMP の質量は陽子の 9 倍程度，散乱断面積は $2\times 10^{-41}\,\mathrm{cm}^2$ 程度と，CoGeNT 実験の示唆する値と近い値になる (ただし実験グループは「発見」という見方には慎重である)．本当に軽い WIMP が「正解」で，液体キセノンを用いた実験では，エネルギーしきい値の少し下で感度が足りなかっただけなのだろうか？ 確認には，さらなるデータを待たなければならない．

10.4.5　日本のダークマター探索実験 XMASS

日本でも以前より，東京大学や，大阪大学，徳島大学などの研究者により，ダークマターの探索が行われてきた．2000 年代に入り，東京大学宇宙線研究所を中心としたグループにより液体キセノンの 1 相式の検出器を用いた XMASS 実験が提案され，現在も進行中である．実は，液体キセノンの持つメリットに着目して 1 トン級の大型 WIMP 探索実験を世界に先駆けて提唱したのは XMASS 実験であり，現在の WIMP 探索の急激な進展は日本の研究者により端緒が開かれたとも言える．

XMASS 実験は岐阜県神岡鉱山の地下 1000 m，東京大学宇宙線研究所神岡宇宙素粒子研究施設で行われている．スーパーカミオカンデのすぐ近くに掘られた空洞内に 1000 トンの超純水タンクがあり，その中に 835 kg の液体キセノンを入れた銅製の真空容器が浸かっている．超純水タンクは，岩盤からのガンマ線や中性子などの放射線に対するシールドになっているとともに，水チェレンコフ検出器にもなっていて，地下まで侵入する宇宙線ミュー粒子を識別できるようになっている．液体キセノン容器の内壁には 642 本の光電子増倍管が敷き詰められ，液中で発生するシンチレーション光をもらさず測定する．各光電子増倍管でとらえられた光量のパターンから，光源の位置 (WIMP が散乱した位置) を推定する．液相 1 相式のメリットとして，電場を使用せず電極などの複雑な構造を必要としないので，それだけ放射性不純物を検出器内に持ち込まなくてすむ，ということがある．また，電場を必要とする 2 相式の場合，大きくするとそれだけ高い電圧が必要となり，検出器内での放電などの問題が起こる危険性があるが，電場を使わない 1 相式は，さらなる大型化をする際にメリットとなる．XMASS 実験は，

2008年に神岡鉱山に実験室空洞を切削し，2010年10月には検出器本体がいったん完成して観測を開始し，初期的な結果が出始めている．2013年には検出器内部のクリーンアップ作業を行って感度を向上させ，新たな観測に入っている．

10.5 宇宙線で探るダークマターの証拠

この節では，WIMPの対消滅や崩壊によって生じる素粒子を，宇宙線としてとらえる「間接探索」について解説する．観測対象となる宇宙線としては，ガンマ線，ニュートリノ，宇宙線陽電子，宇宙線反陽子などがあり，それぞれさまざまな観測手段がある．まずはじめに，WIMPが宇宙でどのように生成され，消滅して，現在に至っていると考えられているか，簡単に解説する [3]．

10.5.1 宇宙初期の WIMP の生成と対消滅

宇宙は超高温のビッグバンから始まり，宇宙が膨張するにつれてその温度が下がっていったと考えられている．このとき，多くの素粒子が作られ，その一部が生き残って現在の宇宙の物質を作った．素粒子には，電荷だけが反対で他はまったく同じ性質を持つ「反粒子」が存在する．粒子と反粒子はお互いに出会うと「対消滅」してエネルギーに変わったり，あるいは逆にエネルギーから粒子と反粒子のペアが「対生成」したりする (第3章参照)．ビッグバン直後の超高エネルギーの状態には，さまざまな粒子と反粒子のペア (人類がまだ実験的に知らない素粒子も含め) が対生成，対消滅を繰り返していたと考えられる．その中にはWIMPとなる素粒子も含まれており，他の素粒子や光子とお互いに行き交っていたはずである．

宇宙が膨張するにつれ，宇宙の温度が下がると，対生成に使えるエネルギーも減っていき，重い素粒子は作られなくなり，WIMPの生成も止まる．WIMPとWIMPの反粒子 (反WIMP) が出会えば，対消滅して他の粒子に変わるが，宇宙が膨張するとだんだん出会う確率が減り，やがて対消滅もほとんどしなくなる．こうして宇宙にWIMPが取り残され，あとは自分の重力によって，たまたま密度が濃かった場所へ互いに引き寄せられ集まりながらダークマターとして振る舞うようになる．通常の物質は，WIMPとはほとんど相互作用せずにすり抜けながら，WIMPの集まった重力の強い場所に集まって，星を作り銀河を形成して

いく．これが WIMP ダークマターによる構造形成のシナリオであり，現在観測されている「宇宙の大規模構造」と呼ばれる構造を非常によく説明する．

この WIMP ダークマターの形成シナリオの鍵を握っているのは，WIMP の対消滅の頻度である．対消滅の頻度が大きすぎると WIMP は宇宙が充分膨張する前に対消滅しきってしまいダークマターとして残れない．逆に小さすぎると，WIMP が対消滅できず大量に残ってしまい，観測されるダークマターの量より多くなってしまう．ちょうどよい対消滅の頻度を，対消滅断面積 σ_{ann} と WIMP の平均速度 $\langle v \rangle$ の積 $\langle \sigma_{ann} v \rangle$ で表すと，およそ $3 \times 10^{-26} \, \mathrm{cm}^3 \mathrm{s}^{-1}$ という値になる．そして，この値は，弱い相互作用の強さとちょうど一致するため，しばしば「WIMP Miracle」と呼ばれる．この頻度で，WIMP が集積している場所では今も WIMP が対消滅を起こしているはずなのである．

10.5.2　WIMP 対消滅からのガンマ線

WIMP が集積している場所はどこだろうか？　銀河には星の約 10 倍以上のダークマターがなければならないことを我々は知っている．銀河の中心部分ほど多くのダークマター (WIMP) が降り積もり，高密度になっているはずであり，そこで WIMP 対消滅起源の宇宙線，たとえばガンマ線が発生しているはずである．しかし，ガンマ線は宇宙のどこでも，ごくありふれた過程で生成されており，銀河中心部分は活動的でガンマ線を出す可能性の高い領域でもある．ガンマ線が WIMP 対消滅起源であると断定するには，天体起源ではないことを立証する必要がある．

たとえば，WIMP 対消滅起源のガンマ線は WIMP の質量に対応した特定のエネルギーを持つと考えられる．あるいは，銀河の中心方向からのみ，(他の天体現象では説明できないほど) 均一にガンマ線がやってきていれば，それは WIMP 起源と言えるかもしれない．2008 年に打ち上げられた **Fermi** ガンマ線衛星に搭載された LAT 検出器では，$20\,\mathrm{MeV}$ から $100\,\mathrm{GeV}$ を超えるエネルギーの宇宙ガンマ線の精緻な全天観測を行うことができる．Fermi 衛星のデータは広く研究者に公開されている．2011 年には LAT 検出器のデータを解析した研究者が，銀河中心方向から $130\,\mathrm{GeV}$ という特定のエネルギーを持ったガンマ線が多く出ており，$130\,\mathrm{GeV}/c^2$ の質量を持った WIMP の対消滅ではないか，と発表して話題

になった．ただし，この結果については Fermi 衛星チーム自身による検証が行われ，それほど有為な結果とは言えない，という結論になっている．

　我々の銀河系の近傍には**矮小銀河**と呼ばれる小型の銀河がいくつか存在している．矮小銀河は，星のかわりにダークマターが多いと考えられている銀河で，WIMP 対消滅のガンマ線を探すのに適している．遠くの銀河系外にあるためガンマ線の量は減ってしまうが，かわりにガンマ線の到来方向が限定されるので，信号の探索はやりやすい．このような利点を生かし，LAT 検出器を使って銀河系周囲の矮小銀河数十個を観測した結果が 2011 年に発表されている．これによれば，WIMP 対消滅起源のガンマ線は検出されず，$20\,\mathrm{GeV}/c^2$ よりも軽い WIMP については，ダークマターとして期待すべき対消滅は起こっていない，として排除されている．

　LAT 検出器は数百 GeV のガンマ線までの感度があるが，もっと高いエネルギーのガンマ線の観測には向いていない．もし WIMP が非常に重く TeV/c^2 くらいの質量の場合には，このエネルギーを持つガンマ線を観測する必要がある．TeV ガンマ線は，地球の大気と相互作用して作る空気シャワーを撮像する「空気チェレンコフ望遠鏡」により観測が行われている．ただし，WIMP 対消滅起源のガンマ線をとらえるには感度が足りないので，もっとたくさんの望遠鏡を並べて，感度を 1 桁以上増強する **Cherenkov Telescope Array (CTA)** 実験が計画されている．

10.5.3　宇宙線陽電子で探る WIMP 対消滅

　WIMP 対消滅からできた反粒子，反陽子や陽電子などは宇宙ではまれな存在なため，WIMP 探索のよい手段となりうる．2008 年に，大気圏外で宇宙線を観測する **PAMELA 衛星**が，宇宙線電子に対する宇宙線陽電子の割合が，10 GeV から 100 GeV のエネルギーにかけてどんどん増大している，という結果を報告した．PAMELA 衛星は磁石を搭載しており，電子と陽電子をその曲がる方向で区別しながら，その曲がり角から運動量を精度よく測定できる．PAMELA 衛星のデータは精度がよいため，陽電子の割合の上昇は間違いない結果に見える．宇宙空間には基本的には電子しか存在せず，宇宙線陽電子は，

$$p+A\,(原子核) \longrightarrow N+X+\pi^{\pm}$$
$$\llcorner\!\!\longrightarrow \mu^{\pm}+\overset{(-)}{\nu_{\mu}}$$
$$\llcorner\!\!\longrightarrow e^{\pm}+\overset{(-)}{\nu_{\mu}}+\overset{(-)}{\nu_{e}}$$

のように,宇宙線陽子が星間ガスと衝突して生成された成分と考えられる.この場合,エネルギーが上がるほど陽電子の割合は下がる.

一方,WIMP が対消滅して直接電子陽電子ペアを生成する場合は,たとえば W ボソン対を経由して,

$$\chi+\bar{\chi} \longrightarrow W^{+}+W^{-}$$
$$\phantom{\chi+\bar{\chi} \longrightarrow W^{+}+W}\llcorner\!\!\longrightarrow e^{-}+\bar{\nu}_{e}$$
$$\phantom{\chi+\bar{\chi} \longrightarrow W^{+}+W^{-}}\longrightarrow e^{+}+\nu_{e}$$

のように,それぞれ同数生成される (ここでは WIMP としてニュートラリーノ (χ) を仮定している).WIMP の質量程度のエネルギーのものも生成されうるので,エネルギーが上がるほど陽電子の割合は増えていくことになる.一方,**パルサー風星雲**と呼ばれる天体でも,超新星爆発の後にできた中性子星 (第 9 章参照) が,強い磁場をともなって高速に回転し,そこで生じたガンマ線が強磁場中で電子・陽電子ペアを生成することが知られている.WIMP 対消滅の場合には陽電子の割合は WIMP の質量以上のエネルギーで急激に落ちるはずである.これを確認するためには,より高いエネルギーまでの観測が必要になる.

AMS 実験は,素粒子実験で用いられる先端的な技術の粋を集めた検出器を国際宇宙ステーションに取り付けて,宇宙線の精密観測を行う実験である.PAMELA 衛星を上回る大型の磁石を持ち,さらに高いエネルギーの電子陽電子の測定が可能である.実験のリーダーは,J/ψ 粒子の発見で 1976 年のノーベル物理学賞を受賞したティン (S. Ting) である.AMS 検出器は,完成まで 10 年以上の紆余曲折と巨額の建設費を投じて,2011 年にスペースシャトル最後のフライトで打ち上げられ,無事国際宇宙ステーションに取り付けられた.その最初の結果は 2013 年 4 月に発表した電子陽電子比の測定である [4].その結果によれば,陽電子の割合が,PAMELA 衛星が示した 100 GeV の領域を超えて,350 GeV のエネルギーまでさらに増加していることが明らかになった.興味深いのは,250 GeV あ

たりから増加が鈍っているように見えること，スペクトルはスムーズで一つの電子陽電子源の仮定で問題がないこと，さらに到来方向による違いが見えないことである．これらは，WIMP 対消滅起因であることを匂わせる．まだ公表されていない 350 GeV 以上の電子陽電子データがどうなっているか，結果の公開が待たれる．日本でも，ダングステン板とシンチレーティングファイバーを交互に積み重ねた電磁シャワー検出器を国際宇宙ステーションに取り付け，TeV 領域の宇宙線電子を観測する **CALET 実験**が準備中で，2015 年に打ち上げが予定されている．AMS 実験とは別の手法でさらに高いエネルギーの電子を測定することができ，こちらも結果が楽しみである．

10.5.4　ニュートリノで探る WIMP 対消滅

　ニュートリノは物質と相互作用をほとんどしないために，銀河中心や太陽の内部からでも抜け出てくることができる．反面，その検出には膨大な大きさの検出器が必要であり容易ではない．WIMP 対消滅からのニュートリノを観測する試みは，海や南極氷床を利用した巨大な水チェレンコフ検出器,「ニュートリノ望遠鏡」で行われている．南極の氷床 1 km 立方を検出器として用いる **IceCube 実験**は，現在最も大きなニュートリノ望遠鏡である．IceCube 実験では銀河中心や銀河ハローでの WIMP 対消滅からのニュートリノ探索結果を報告している．この報告では，銀河ハローの TeV/c^2 程度の重い WIMP に対して，対消滅の頻度として $\langle \sigma_{ann} v \rangle \sim 10^{-22}\,\text{cm}^3\text{s}^{-1}$ 以下という上限値を得ている．これはダークマターとして期待される値にはまだ 4 桁足りない結果であるが，重い WIMP 対消滅に対しては重要な制限である．IceCube では，もともと 100 GeV 以上のニュートリノに感度を持つよう設計されていたが，2010 年に検出器中心部に光電子増倍管を追加した **DeepCore 検出器**を作り，ニュートリノのエネルギーしきい値を 20 GeV まで下げている．北半球では，地中海の海中に光電子増倍管を沈めて検出器とした ANTARES 実験も同程度のエネルギーしきい値で観測を行っている．

　一方，これより軽い WIMP については，さらに低エネルギーのニュートリノを観測する必要がある．この領域では，日本のスーパーカミオカンデが現時点でも最もよい感度を持ったニュートリノ検出器である．ニュートリノは地球や太陽の中心からも抜け出てこられるので，もしそこに WIMP が集積していれば，太

陽や地球の中心方向からのWIMP起源のエネルギーの高いニュートリノを検出できる可能性がある．

しかし，太陽や地球の重力場は小さいので，銀河系を飛び回っているWIMPが太陽や地球の重力につかまるためには，太陽や地球の物質と衝突してその速度を落とす必要ある．これはちょうどWIMP直接探索実験と同様に，太陽や地球とWIMPとの散乱頻度を測っているのと同じことになる．この場合，WIMPが衝突する原子核は太陽の場合は水素原子核(すなわち陽子)，地球の場合は鉄やケイ素原子核となる．太陽標的の場合は陽子とWIMPの散乱を探ることになる．地上の直接探索実験で水素標的の大型検出器は作るのが難しいので，スピン依存型相互作用を探索するには太陽WIMPの方が有利な方法になっている．地球上には，宇宙線陽子が大気と衝突してつくる大気ニュートリノが常時降り注いでいるので，太陽方向から来る高エネルギーニュートリノの超過を探すことになる．太陽WIMP対消滅ニュートリノの探索結果は，スピン依存型相互作用の散乱断面積に対して，100 GeV以上のWIMPについてはIceCubeが，それより軽いWIMPに対してはスーパーカミオカンデが，どちらも10^{-40} cm^{2}以下の上限値を与えている．これらは直接探索実験による上限値$10^{-37}\sim10^{-38}$ cm^{2}に比べてよい制限となっている．

10.6　ダークマター探索の将来

これまで，MACHO天体からWIMPに至るダークマター探索の現状について述べてきた．ダークマターの正体としてWIMPは非常にもっともらしい説明であり，超対称性粒子ニュートラリーノが有力な候補だが，一方でLHCによる結果は超対称性粒子の典型的な質量が$1\,\mathrm{TeV}/c^2$以上にありそうなことを示唆している．現在の直接探索実験の手法は，$100\,\mathrm{GeV}/c^2$程度の質量に最も感度があるので，ガンマ線やニュートリノを用いた間接探索などの重いWIMPに感度のある手法が必要になるかもしれない．

また一方で，季節変動の結果が示す$10\,\mathrm{GeV}/c^2$前後の軽いWIMPの存在は本当なのか，検証のため軽いWIMPにも感度がよい1トンクラスの直接探索実験が必要になるかもしれない．また反跳原子核の飛跡の方向を直接確認できれば非常に強力な証拠となるだろう．その場合，WIMPはニュートラリーノでもない

まったく別の知らない素粒子なのかもしれない．

さらに，重力マイクロレンズの観測から，MACHO が銀河ダークマターである可能性は薄くなったものの，通常の (バリオン) 物質の残りの 9 割はどこにあるのか，そして重力マイクロレンズ観測が見た (かもしれない) コンパクトな暗天体の正体は何だったのか，宇宙物理学的には重要な疑問である．

最後に MACHO と WIMP 以外にも，アクシオンや右巻きニュートリノ，あるいは原始ブラックホールなど，ここでは紹介しきれないほどのダークマターの候補が考えられている．自然は常に人類の予想の上をゆく結果を示してきたことを考えれば，ダークマターの正体は現在はまだ予想だにされていないものかもしれない．若い人の新たな発想と挑戦が期待される．

参考文献

[1] さらに詳しい解説は，住 貴宏，伊藤好孝，「重力マイクロレンズ探索の現状」，『パリティ』，2007 年 11 月号「特集：暗黒物質の宇宙」(丸善) を参照．他にもダークマター関係の一般向け特集記事がある．

[2] WIMP 直接探索実験や XMASS 実験についての詳しい一般向け解説書は，鈴木洋一郎著『暗黒物質とは何か――宇宙創成の謎に挑む』，幻冬舎 (2013) などを参照．

[3] 本書第 1 章を参照．ビッグバン直後の WIMP 生成など宇宙初期と素粒子の一般向け解説書は，たとえば，村山 斉著『宇宙は本当にひとつなのか――最新宇宙論入門』，講談社 (2011) や，二間瀬敏史著『宇宙には何があるのか』，静山社 (2011) などを参照．

[4] サムティン博士自身が行った発表は CERN のホームページで公開されている．
http://cds.cern.ch/record/1537419?ln=en

索　引

● 数字・アルファベット

1 次相転移	78
2 次相転移	78
45 m 大型電波望遠鏡	138
ALICE 実験	75
ALMA 実験	19, 110, 143
α 線	22
AMS 実験	187
ANKOK 実験	180
ArDM 実験	180
ASTRO-H 衛星	164
ATLAS 実験	21
Belle 実験	52
BigRIPS	94
CALET 実験	188
CDMS 実験	179
CERN	10, 21
CMS 実験	21
COBE 衛星	7
CoGeNT 実験	182
CP 対称性	48
CP 変換	48
CTA 実験	186
D/H 比	142
DAMA 実験	178
DeepCore 検出器	188
EROS	173
Fermi ガンマ線衛星	185
GANIL	92
GSI 研究所	93
Ia 型超新星	5, 6
IceCube 実験	188
ILC	19, 40
ISOL	91
J-PARC	51, 161
JWST	19
K^0 粒子	48
KAGRA 実験	166
KEK-PS	160
KEKB ファクトリー	52
KOTO 実験	51
Λ ハイパー核	160
Λ 粒子	153
LBNL 研究所	92
LEP	30
LHC	10, 21, 69
$\Lambda\Lambda$ ハイパー核	160
LUX 実験	179
MACHO	170, 173
MOA	175
N 体シミュレーション	18
OGLE	175
PAMELA 衛星	186
pigmy resonance	157
π 中間子	24
PLANCK 衛星	7
P 変換	48
r-過程	88
RHIC	69
RIBF	91, 158
RI ビームファクトリー	91
RRC	92

s–過程	88
SNO 実験	55
SuperKEKB 加速器計画	54
T2K 実験	57
Tevatron	30
TMT	19
WArP 実験	180
WIMP	171
WMAP 衛星	7
W ボソン	28
XENON 実験	179
Ξ 粒子	153
XMASS 実験	179
X 線バースト	163
Z ボソン	28

● あ行

アクシオン	171
アルファ崩壊	85
アルファ粒子	87
アレニウス	136
アングレール	21
一般相対性理論	11
色 (カラー) の閉じ込め	63
インフライト (In-Flight) 法	92
インフレーション	13
宇宙線	24
宇宙大規模構造	5
宇宙膨張	4
宇宙マイクロ波背景放射	7
液体希ガス検出器	179
円盤仮説	123
オールト雲	119
オパーリン	136

● か行

海王星型惑星	121
核集積モデル	123
寡占的成長	128
かに星雲	150
カラー超伝導	78
間接探索	184
完全流体	75
軌道傾斜角	121
軌道長半径	121
軌道離心率	121
京都モデル	122
巨大共鳴	157
擬ラピディティ	74
銀河団	15
銀河ハロー	4
クェーサー	17
クォーク	10
クォーク・グルーオン・プラズマ	15, 62
グランサッソー	178
グルイーノ	39
グルーオン	10, 28
ゲージ粒子	28
ゲージ理論	29
ケルビン卿	136
ゲルマン	25
原始太陽系円盤	123
原子番号	83
原始惑星	127
原始惑星系	107
原始惑星系円盤	123
元素合成	16, 81
光子	28
コールド・ダークマター	18, 175
小柴昌俊	151
小林—益川の理論	49
こびと共鳴	157
固有速度	4
孤立質量	129

● さ行

最小質量円盤モデル	124
サハロフ	47
サンフォード地下実験施設	181
ジオット	141
質量数	83
重力	27
重力赤方偏移	164
重力波	165
重力レンズ	5, 172
種族 I (恒星の)	2
種族 II (恒星の)	2
種族 III (恒星の)	2
状態方程式	154
小惑星	121
スーパーカミオカンデ	55
スクォーク	39
スターダスト探査機	141
ストリング・ランドスケープ問題	11
スピン	37
スペクトル線	102
星間塵	107
星間塵表面反応	108
星間分子	100
星間分子雲	138
赤方偏移	4
雪線	124
セルフレンジング	175
漸近的自由性	67
相対性理論	42
相対論的流体力学	69

● た行

ダークエネルギー	7, 38
ダークマター	4, 38
大統一理論	60
太陽系外縁天体	121

太陽系小天体	121
楕円型フロー	73
炭素質コンドライト隕石	142
断面積	177
地球型惑星	120
地平線問題	13
中性子過剰核	89, 156
中性子スキン	157
中性子星	78, 149
中性子星合体	97, 166
中性子ドリップ核	85
中性子ドリップ線	85
中性子ハロー	157
超弦理論	11
超新星残骸	3
超新星爆発	6, 81
潮汐半径	119
超対称性粒子	38
超伝導検出器	179
直接探索	176
ツヴィッキー	4
強い力	27
ディスク	168
電磁気力	27
天文単位	105
特性 X 線	164
トリプルアルファ反応	87

● な行

南部陽一郎	29
二重ベータ崩壊	60
ニュートリノ	10, 24
人間原理	12

● は行

ハーシェル宇宙望遠鏡	142
ハイパー核	160
ハイペロン	153

パウリ排他律	151, 158
白色矮星	6, 172
パスタ原子核	152
パスツール	135
パチンスキー	173
ハッブル宇宙望遠鏡	19
ハッブルの法則	6
ハッブルパラメータ	65
波動関数	42
ハドロン実験施設	161
ハビタブルゾーン	115
林 忠四郎	122
林モデル	124
バリオン	25
バリオン数	47
パルサー	149
パルサー風星雲	187
バルジ	168
パンスペルミア	136
バンチ	31
反物質	19
ヒッグス	21
ヒッグス粒子	10
ヒューイッシュ	149
標準理論	21, 28
ヒル半径	128
ビレンキン	11
微惑星仮説	123
フェルミ研究所	25
フェルミ粒子	38
不確定性関係	151
不変質量	34
ブラックホール	149
プランク長	12
プランクの黒体輻射	114
フリードマン方程式	65
ブレーン・ワールド	13
分子雲	3
分子雲コア	106
平坦性問題	13
ベータプラス崩壊	85
ベータ崩壊	85
ベータマイナス崩壊	85
ベバラック加速器	92
ベル	149
飽和有機分子	108
ホーキング	11
ボース粒子	38
ホールデン	136
ホット・ダークマター	18

● ま行

マイクロ・ブラックホール	13
魔法数	89
ミュー粒子	24
ミラー	136
木星型惑星	121
モノポール問題	13, 14

● や行

ユーレイ	136
陽子ドリップ核	85
陽子ドリップ線	85
陽子崩壊	59
余分な次元	12
弱い力	27

● ら行

ラザフォード	22
理化学研究所	91
理研リングサイクロトロン	92
リチウム–11	92
量子色力学	67
レプトン	25
ロッシュ密度	125

● わ行

矮小銀河　　　　　　　186
彗星　　　　　　　　　122
惑星集積過程　　　　　125
惑星状星雲　　　　　　　3

編集委員（五十音順）
伊藤好孝（いとう・よしたか，名古屋大学）
田村裕和（たむら・ひろかず，東北大学）

執筆者一覧（五十音順）
市川温子（いちかわ・あつこ，京都大学）3章
伊藤好孝（いとう・よしたか，名古屋大学）10章
大石雅寿（おおいし・まさとし，国立天文台）8章
小久保英一郎（こくぼ・えいいちろう，国立天文台）7章
坂井南美（さかい・なみ，東京大学）6章
櫻井博儀（さくらい・ひろよし，東京大学・理化学研究所）5章
杉山 直（すぎやま・なおし，名古屋大学）1章
田村裕和（たむら・ひろかず，東北大学）9章
徳宿克夫（とくしゅく・かつお，高エネルギー加速器研究機構）2章
平野哲文（ひらの・てつふみ，上智大学）4章

宇宙の物質はどのようにできたのか
素粒子から生命へ

2015年3月15日　第1版第1刷発行

編者	一般社団法人 日本物理学会
発行者	串崎 浩
発行所	株式会社 日本評論社
	〒170-8474 東京都豊島区南大塚3-12-4
	電話　(03) 3987-8621 [販売]
	(03) 3987-8599 [編集]
印刷	藤原印刷
製本	精光堂
装幀	図工ファイブ

ⓒ 一般社団法人 日本物理学会 2015年　Printed in Japan
ISBN978-4-535-78743-8

[JCOPY] 〈(社)出版者著作権管理機構　委託出版物〉
本書の無断複写は著作権法上での例外を除き禁じられています．複写される場合は，そのつど事前に，(社)出版者著作権管理機構（電話 03-3513-6969，FAX 03-3513-6979，e-mail: info@jcopy.or.jp）の許諾を得てください．また，本書を代行業者等の第三者に依頼してスキャニング等の行為によりデジタル化することは，個人の家庭内の利用であっても，一切認められておりません．

シリーズ 現代の天文学 全17巻

Modern Astronomy Series

21世紀の天文学を担う若い人に向けて…
急速に発展する天文学の「現在」を切り取り、将来を見通すシリーズ

- 第1巻 **人類の住む宇宙** 岡村定矩／他編◆本体2,400円+税
- 第2巻 **宇宙論Ⅰ**──宇宙のはじまり［第2版］
  佐藤勝彦+二間瀬敏史／編◆本体2,400円+税
- 第3巻 **宇宙論Ⅱ**──宇宙の進化 二間瀬敏史／他編◆本体2,300円+税
- 第4巻 **銀河Ⅰ**──銀河と宇宙の階層構造 谷口義明／他編◆本体2,500円+税
- 第5巻 **銀河Ⅱ**──銀河系 祖父江義明／他編◆本体2,500円+税
- 第6巻 **星間物質と星形成** 福井康雄／他編◆本体2,500円+税
- 第7巻 **恒星** 野本憲一／他編◆本体2,800円+税
- 第8巻 **ブラックホールと高エネルギー現象**
  小山勝二／他編◆本体2,100円+税
- 第9巻 **太陽系と惑星** 渡部潤一／他編◆本体2,400円+税
- 第10巻 **太陽** 桜井 隆／他編◆本体2,700円+税
- 第11巻 **天体物理学の基礎Ⅰ** 観山正見／他編◆本体2,600円+税
- 第12巻 **天体物理学の基礎Ⅱ** 観山正見／他編◆本体2,400円+税
- 第13巻 **天体の位置と運動** 福島登志夫／編◆本体2,200円+税
- 第14巻 **シミュレーション天文学** 富阪幸治／他編◆本体2,500円+税
- 第15巻 **宇宙の観測Ⅰ**──光・赤外天文学 家 正則／他編◆本体2,400円+税
- 第16巻 **宇宙の観測Ⅱ**──電波天文学 中井直正／他編◆本体2,700円+税
- 第17巻 **宇宙の観測Ⅲ**──高エネルギー天文学 井上 一／他編◆本体2,200円+税
- 別巻 **天文学辞典** 岡村定矩／代表編者◆本体6,500円+税

🌎 **日本評論社**